大展好書 好書大展

大展好書 好書大展

胎教280天

醫學博士　夏山英一著

家庭／生活
84

作者簡介：夏山英一

1925年3月1日生。京都大學醫學部、同大學院畢。婦產科醫學博士。1955年在京都府綾部市開業，34年間應診者超過15000人。1975年引入超音波斷層裝置，診療面更具成果，以美國的立場，在日本學會發表胎兒的性別判定及行動研究的臨床醫學成果。1983年任加利福尼亞州U.C.I客座助教。1984年厚生省身心障害研究「母子相互作用的臨床應用研究班」班員，1985年「家庭保健與小兒成長、發達綜合研究班」班員。1985年～88年京都大學講師。現任放送文化基金委託研究「在電視時代的孩子」研究會會員。對多產婦、臨床醫學與母子相互作用頗有研究、正全力研究胎兒的行動。

序文

東京大學名譽教授
國立小兒醫院院長　小林登

十多年前的一個陰雨天，在鄰京都天滿宮的夏山先生家中，初見胎兒發育的錄影帶時，感動心情就好像是昨天才發生的事情。

早在十幾年前，夏山先生就導入超因波斷層裝置，進行有關胎兒性別的判斷、發育情形與疾病診斷等之研究，獲得極大的成果而引起美國與日本醫學界側目。

其後，在日本各地醫院，都用超音波來進行胎兒診斷，同時其診斷技術的水準也名列世界之冠。

直到四年前，出版社與我接洽有關胎教的事宜，我首先就想到了夏山先生。正因為夏山長年潛心於產婦與胎兒的研究，使這本集其經驗大成的著作——「胎教二八〇天」，著實是一本劃時代的偉大作品。

對夏山先生而言，這是他進入厚生省母子相互作用研究班與日本放送文化基金「電視時代的嬰兒」研究班，對胎兒研究成果的發表。

他大力主張，從妊娠中，孕婦與胎兒之間的感情連繫——母子相互作用的重要性，而且他更相信，胎兒出生後，母子相互作用會更進一步。

育兒的本質，在於親子間的心靈牽繫，尤其是母子之間的牽繫。母性意識與孩子對母親的感情，或母子之間依依不捨的牽絆，是如何從妊娠中建立起來的，都是夏山先生每天要親自實行的。而此種母子之間的一切動態，可說是育兒的起點。

在妊娠中，母親對胎兒的關愛，對生產後的哺育，有著很大的影響是不爭的事實。

這次，正值改訂新版的出書，同時得以瀏覽新書內容，而再一次得見夏山先生對妊娠、分娩、育兒這種「生命延續」的過程的執著。

相信，看過本書的人，對胎兒二八〇天的生活以及其與生俱來的超凡能力，將會有所認識。這對即將結婚的新人、懷孕待產的孕婦、醫界人士確是一本值得廣泛推薦的著作。

目錄

第二章 新生命的開始（受精～七週的胎教）

第五章　母親用體貼的心去培育胎兒

第六章　從出生後開始，母親與孩子的連繫

序章

生命的延續

人類的祖先，在距今二、三百多年前，就已在地球上活動了。而妊娠、分娩、育兒這種生命的延續，自古以來就是我們最大的義務。

我們生命的起源……何謂母性？

距今約四十多億年前，我們生活的地球，才剛混沌初醒。而覆蓋著初生的地球的是，被稱為「原始之海」的一片汪洋大海。在這片大海之中，隱藏了各種元素，而在這些元素相互碰撞時，產生了「生命根源」的絕佳組合。這些組合，在更進一步的結合時，開始了細菌般的生命力，而誕生了具有單一細胞的生物。這就是二十億年生命歷史的誕生。

這種原始的單細胞，在不斷地分裂複製中，使細胞集合成分化而出現了結構更為複雜的多細胞動植物。這些多細胞生物在生死循環之間，因環境的影響而自然淘汰，同時，在偶然的組合中，引發突變，而使遺傳基因發生變化的生命體相繼延續，逐漸進化。

由於如此，使得地球上誕生了各種生物，據說早在二～三百萬年前，人類的祖先——屬於哺乳動物靈長類的類人猿，就

開始在大地上生活了。

今天，我們已是第十五萬世代了。而生命就在每一世代，重複著妊娠、分娩、育兒過程中，延續下來。

藉著妊娠而開始的新生命，是父親的精子和母親的卵子相結合，形成受精卵後才發生的。在這個受精卵中，有著承繼雙親的遺傳程序。這個程序是引起細胞分裂和組織分化而組成各種組織。而且，在有如海水的羊水腔中，這些組織會統合在一定的秩序下，從一個細胞到多細胞，由胚胎到胎兒，蛻變成人形。

用超音波觀察其相貌，初見像五億年前的魚類、接著又像是三億年前的爬蟲類，逐漸成長更像是一千萬年前哺乳類的同種和五百萬年前的靈長類，最後終於成長到像人類胎兒。

這是，地球上二十億年生物進化的過程，而於精子、卵子受精後，在短短五十天內，這種創造偉大生命的世界，再度展現在我們的眼前。而在其後的二一六天，就在母體內完成成長發育，直到出生。

而且，在此遺傳基因所隱藏的訊息中，不單是形成胎兒的程序，還包含著，以只有人類才有的發達的大腦為中心的中樞神經的分化形成之程序。而藉由此程序所形成的中樞神經系統中，有著人類生活在地球上的經驗和智慧，更有著愛、信賴、意志和對神明的信仰等，只有人類才被賦予的心靈世界的能力根源。

隨著這種遺傳程序的演進，為了培育新生命，就必須藉助孕婦體內的母性光輝。因此，新生命與其所賴以生存的母體之間，就形成了無法割捨的密切關係，而有著相互影響的母子相互作用的結構。這種結構，不是只有在妊娠分娩現象中才有的，在生產後的育兒上，仍強烈地運作著。

即使是在各種時代的轉變中，生命的延續，仍保有此種基本的法則。但是，在戰後的社會，女性的環境有了很大的轉變。在這以前，女性在結婚後，當然希望專心做一個家庭主婦，然後懷孕、分娩、育兒。然而，隨著社會的演變，在這個男女不分的社會，職業婦女漸漸活躍起來，她們除了在外工作外，還必須擔負懷孕、育兒的責任。

在這樣的環境中，妊娠、分娩、育兒不再是隨心所欲的事情，女性被夾在對經濟或社會工作的義務與母性之間，疲憊交纏，過著被迫妥協的生活。

此外，更由於人口過剩的問題和經濟上的問題，而必須實行家庭計劃，生產限制。其間，由於墮胎的合法化，使得尊重生命的立場逐漸不易維持。而女性在懷孕後，也有了決定生產與否的權利，這種女性意識的改變，意味著女性可以否決體內的母性條件。

這種想法，終究在以孕婦為中心的意識下，而迎接生命的延續。

在本質上，為了新生命，某些天賦的母性，在否定生命的意識下，仍在作用著。

如此一來，不管自我母性意識的扭曲和殘缺，而加入生命延續行列的母親們，其結果不正是因為思春期心智尚未成熟的孩子般的衝動才得以體會嗎？

不管自己告訴自己，犧牲小生命是不得已的事情，任隨著時光的流逝，到了晚年才發覺到自己心中的傷痛，而開始流行超渡嬰靈的信仰，這豈不可悲。

在今天，這種造成女性的悲傷和痛苦的時代，不正可說是母性受難的時代。

自古流傳下來的使命就是我們自己，而擔負著流傳到距離我們極遙遠的未來世界之責任，就是經懷孕而在腹中成長的新生命。這個新生命既是人一生中最後剩餘的最重要的回答，也是生存的明證。

正因為如此，支持新生命的發生和成長的母性，母性本能、母性意識應該是唯一有價值的東西。

胎兒生存的環境——母親

母胎內的新生命係遵循承繼自雙親遺傳基因的程序，而形成胎兒，更進一步，為了順利成長，母性強烈的支持極為重要，這是可以加以理解的。

然而，在胎兒所具有的各種潛能中，我們很難想像，什麼是嬰兒與生俱來的能力。母胎內卷繞胎兒的生物學上的世界就是胎兒生活的環境，其結構相當複雜，至今尚未完全明瞭。謎樣的層面尚很多。這種母胎內的環境，對胎兒的影響很大，事實上，也會發生很多不理想的結果。

這麼說來，對胎兒而言，怎樣才是理想的環境呢？怎樣又是不理想的環境呢？為了培育健康寶寶，孕婦是否有必要游泳或跳舞呢？為了使孩子具有高智商，在妊娠中應該注意那些事項呢？要不要服用一些特別的藥品和訓練？在妊娠中，拼命地聽音樂，會不會對胎兒的音感有幫助呢？

身為一個母親，一想到胎內的幼小生命，希望和感情就不斷地湧現、膨脹。心中的疑問當然也會越來越多。不過，在具體的解決這些問題之前，我們應該要學習最基本的胎兒的發育和成長的構造。

本來，胎兒期的發育成長的課程，並不是數學或音樂之類

的東西，而是生長作為人體及心臟的時期，而此種造就自己的能力，基本上，是遺傳因子賦與的。而且，能否充分發揮，還有賴環境的好壞來決定。

對於即將出生的胎兒來說，所謂的環境，就是指母親的身體。這是要提供胎兒成長時所需的食物和營養的地方，處理廢物的場所，安穩睡覺用的床舖，有時還是訓練運動發達所需的運動場，可說是胎兒全部活動的舞台。因此母體必須要因應實際的各種期待。

支配母體狀態的是孕婦日常的生活及因應生活的精神狀態。孕婦本身有宿疾或在妊娠中染患新疾病，對胎兒都會造成影響。對胎兒而言，倘若孕婦吃了含有不良成分的食物等等，會產生畸形、死產、流產、早產及有先天異常的嬰兒。在懷孕期間，不適當的、劇烈的運動、旅行及工作均會造成不良的結果，應儘量避免。

又，情緒對母體也有很大的影響。在社會結構日趨複雜下，為了因應生活環境，情緒也變得較爲激烈，而逐漸遠離安穩的狀態。此情形日益嚴重時，對母體健康的影響也越趨複雜。

加上，現在可藉超音波掃瞄，看到嬰兒的樣子，如此一來，孕婦的行動，甚至連心跳都會傳給嬰兒，而付諸行動。

由於醫學的發達，而確知胎兒所處的子宮環境若不佳，則對胎兒本身就會有不好的影響。但是，什麼樣的環境會培育出具有父母所期待的能力的胎兒，有關這個問題，仍是個未知數，而只能說是必須要慎重對應不可。

因為深恐，我們認為是好的，但對胎兒來說，或許會變成意想不到的異常的刺激，而給胎兒帶來壞的影響。

胎教＝從胎內來育兒

從前，胎教從經驗方面來推測，幾近於宗教的禁忌。因此，大多是母親們的經驗之談及前人的智慧累積，但如今想來，毫無根據，幾近唬人的禁戒還不少呢！談到胎教等等，認為是由胎內開始教育的人也不少，而這正是拜教育之賜。

從以前的故事中，各位讀者，你們依照遺傳基因的訊息會認為，嬰兒是自己決定成長的程序，而為了使其成長的程序，不受阻礙地向前進行，以及為了使嬰兒生活所需的準備能夠更完善，創造良好的環境，給予支持是最重要的事情。

這也可以說是為了把更健康的生命送到世間所需的照顧吧！藉此，母親和腹中的胎兒也會形成心靈的聯繫，同時也會成為產後育兒的準備。

在本書中，我擬將它稱作胎教。胎教的意思並不是教導胎兒，而是去了解胎兒，去認識其在出生之前要求什麼，而完全滿足這種需求的知識，也稱為由胎兒來教育，這就是胎教。

人類智慧的成長，是在出生三年以後開始的，在這之前，主要是情緒等所謂心理的成長。其後，才發展出更為深入的知識。

人類智慧機能的部位在大腦的新皮質，這是在胎內時所形成的。因此，或許有人會認為從胎兒時期來進行智能的訓練是件良策，但是，請先不要如此下定論。

基本上，為了使智能發達，更艮好的感覺發達和情緒的安定是必要的，同時要在支撐生命的最原始本能的活動的大腦舊皮質及腦器官的發達為前提下。若非如此，則情緒會變得不安定，同時與接受知識的新皮質之結合與成長也絕不會精進。這是在胎內到出生後三歲左右之間所發現的最重要的法則。而且，這在接受義務教育的未成年者時期仍是相當適用的。

使這種智能起作用的基礎或原動力及情緒的穩定，人心理的調和吧！這大概就是原始的或動物的本能。而且，早在胎兒時期就已形成的。

在廣義上，這大概可以說是人心。這不是複雜的大腦皮質的作用，而是藉助層次較低的下皮質的作用，這雖不是能感覺具體事物的高度智能，但，透過本能地感受到支撐胎兒的母愛喜悅吧！這在出生後，形成了無條件地，對母親、對人的信任之心，亦是對美麗的事物會感動的心，以及抓住母愛的心。

出生後的嬰兒與母親的見面，對新生命而言，經常被認為是母子間最早的關係，但實際上，這種關係早從胎兒就已經開始了。而且，在此種關係中，胎兒的心芽漸已萌芽。而母親的心被比擬成培育的大地。在這遍大地上生根，就是要鞏固出生後的聯繫的起點，因此預先把這遍大地維持在和平而豐富的狀態下，是胎兒最大的喜悅。

而在這種關係下，父親所扮演的角色，對孕婦的心具有很大的影響。為了使胎內的小生命茁壯成長，父親要用體貼的心來包容孕婦。

何謂育兒

育兒，本來就不是件難事。小孩的身心有其成長的程序，而母親有其教育的程序。為使這兩種程序的步調相同，且圓滑地結合，愛情有舉足輕重的地位。而每個女性，在其內心深處都具有本能的母性愛。

然而，人類在育兒上，絕不是任憑本能就做得好的。就拿猿猴來說，不在群體中生活的猿猴，是無法好好地培育後代的。而重要的是要觀察並學習群居中其他同伴所做的一切。

人類的情形也和猿猴相同。在小家庭化的現代，教育母親的心，也越來越難於順其自然。況且，在現今的社會形態中，造就出自然的母性愛無法充分發揮的環境。

在最近相繼發生的母子間的悲慘事件中，亦是阻礙母性愛的關鍵。這是在母親的潛在意識中，在不知不覺中，以「因為自己方便，所以要生下這個小孩」的自我中心的思想，以及站在支配者的立場和只在持有相對的愛情的狀態下來因應，而使「自己幸福所需的附屬品」的想法，隨著社會潮流而生，同時在形成安定圓滿無缺陷的心的最重要的乳幼兒期，為了工作而造成無法傳達母子間親膚關係的原因。

正因為如此，透過學習所形成的母親的自覺及父親的支持都較以往更為必要。

人生在世，大約只有三萬個日子，比起人類悠久的歷史，只不過是短暫的過客而已。但是，對我們來說，那仍是唯一寶貴的東西。在自己的意志下，充實地渡過每一天，同時為了不使我們的生命絕後，傳宗接代，延續生命可說是從恆遠就賦與我們最大的義務。

今天，在培育新生命發芽的孕婦的腹中，有著對無數個未來的傳奇。

第一章

胎教從懷孕前開始

你已經做好準備，要迎接新生命了嗎？
為了生出健康寶寶，在妊娠前，有許多必知的事情。
現在，就請輕輕地開啟那扇門吧！

★何時開始育兒的準備

人類在做好迎接新生命的準備，被認為早在其為受精卵的時候就開始了。因為在那個時候，性染色體就已經決定了。而且，在胎兒期初期，就有性別之分，而在胎內完成發育後才誕生。

然而，完成延續生命任務機能是在思春期以後。男女在思春期所引起的身心變化，就是該機能的準備。每月拜訪女性的月經也是為了將來的新生命而反覆不停地進行。這種身體方面的準備非常重要，為了培育健康的小孩，這是最基本的事情。男女間的情愛被認為來自種族天性之物，同時是創造新生命所需的準備行動。

但是，我們人類，不是只受種族天性所支配，藉由自我意志與努力而得以建立人類幸福的愛情。這是非常重要的事情。在此種情況下，那種精神上作用的起源，是意識到，在二人彼此相愛的體內之重要生命的延續，是感情、是生命美好的喜悅、是受尊嚴所打動的吧！

在迎接新生命時，生理和心理的準備，都很重要。但是這種準備，因人而異，有些人是在迎接新生命開始的前幾年；有些人則是想早一點擁有自己的寶寶而在新婚之日；或是在二人人格開始形成的乳幼兒期的某一天。

不管是上述那一種情形，只要想到我們的身心一直在為生育做準備，就不難理解其含意。

為了誕生更為健康的生命，在懷孕前，為人父母者應該準備的事情，可以說是預先創造適合妊娠的環境。媽媽能夠安心妊娠的環境，腹中的嬰兒也一定會健康地成長。

假如懷孕只不過是性的結果，那對人類而言，是非常可悲的一件事。男女之間的愛情，若不能獲得周遭人們的理解與祝福，則很難有幸福可言。新生命也是如此，不只是要獲得製造其生命的父母的愛，還要受到父母的骨肉及朋友、熟人等周遭人們與社會溫暖的眼光，在喜悅和祝福聲中誕生。這就是懷孕

▲避孕法

現行的避孕方法，種類繁多。

〈利用排卵期的方法〉

荻野式定期禁慾法，爲在月經來潮二週後，排卵多，所以應禁慾而避免受精的方法，但排卵期會因人、因時而變化，所以會有避孕失敗的情形發生。

與此相較，基礎體溫法較為確切而為最受推薦的方法，但是，必須每天測量，相當麻煩。

〈利用避孕器的方法〉

包括有自行使用保險套、子宮壓定器的方法及由醫師安裝避孕環等－ＵＤ（子宮內避孕器）的方法，但避孕效果並非百分之百。

〈利用手術的方法〉

將輸卵管用手術或燒灼而封閉的方法，很少會再度疏通

所需的環境。

在迎接新生命的準備上，第二重要的是妊娠時期。

★生育計劃

妊娠期，從生育計劃的觀點來想，分娩、生產和育兒，母親在二十歲到三十五歲左右間最為理想，第一胎，最遲要在三十歲左右完成生產。

近年來，職業婦女越來越多，而初產的年齡有越來越高的趨向，這對嬰兒來說，不是件可喜的事。

當然，即使是高齡生產，也有很多正常分娩，生產健康活潑的嬰兒例子，而隨著醫學的進步，生產時危險也相對減少了。許多人在生產之後，仍進行育兒的工作。但是，因為產道不易開啟，所以進行剖腹生產的人增多，同時，肝臟或心臟也開始老化了，而經過妊娠這種大變化，身體機能變差，終究是事實。而更困擾的事是，由於卵巢機能的老化，受精卵容易引起

、再度懷孕的事情發生。

〈藥物方法〉

服用口服避孕藥。

▲分娩與遺傳

每個人都希望生出身心健全的寶寶。一般說來，天生健康的嬰兒，也會由於各種原因而引起先天異常。因為新生命承繼雙親的遺傳基因，所以就容易認為，嬰兒生理所引起的先天異常都是來自遺傳。

實際上，這種想法是不正確的。這其中有來自雙親各種疾病的遺傳，但也有很多不是遺傳的異常。更有，雙親的遺傳基因雖健全，但生出的嬰兒具有先天異常的也不少。這是妊娠前、妊娠中，必須注意的最後問題。

夫妻在擔心染色體異常或遺傳基因異常時，可到大型醫院的遺傳咨詢櫃台詢問。

染色體異常的現象。因此，高齡妊娠的流、早產、異常妊娠的發生頻率較高。

對嬰兒和母親而言，為了在最佳的條件下，進行妊娠，年齡仍是應該列入考慮的問題。

常常聽到，我幾年後要生第一胎，幾年後再生第二胎，但是，家庭計劃不光是要配合父母的方便，嬰兒的問題也不可忽視。嬰兒年齡相差一歲，對頭一個嬰兒來說，是很殘酷的事情。若能相隔二、三年，則母親和小孩都能有個緩衝的時間。

話雖然這麼說，但是，妊娠的手段相當複雜。夫妻兩人並不是想在某年某月有個小孩，就能如願以償。排卵日的前後，雖說是可能懷孕的時期，但是，卵子和精子都有壽命的期限。所以，為了使雙方在輸卵管內結合，時間配合得當很重要。

計劃生育的夫妻，應該養成每天早晨一睜開眼就測量基礎體溫，而由基礎體溫可以正確地獲知月經周期。

一般而言，月經周期正常規則時，周期約二八～三十天左右。而且，從卵巢排出卵子的排卵日為，月經第一天開始算起的第十四天前後。

排卵日係在基礎體溫一直居低溫期（三六・三～三六・五左右），而要移到高溫前會急速降低（三六・二度左右）的時期。高溫期持續二星期以上時，即是受孕期。

但是，在日常的生活中，還有其他使體溫改變的原因，所以需加注意。例如，感冒發燒，在排卵前和月經中都呈高溫狀態。若持續低溫時，表示沒有排卵。無排卵也是不孕症的原因，也是各種疾病的結果，故應和醫生談談。然而，思春期、更年期後及分娩後的一段期間，不會有月經來潮，體溫呈低溫狀態。

記錄基礎體溫，預先掌握自己生理上的韻律可說是夫妻為了在良好的身體狀況

基礎體溫表

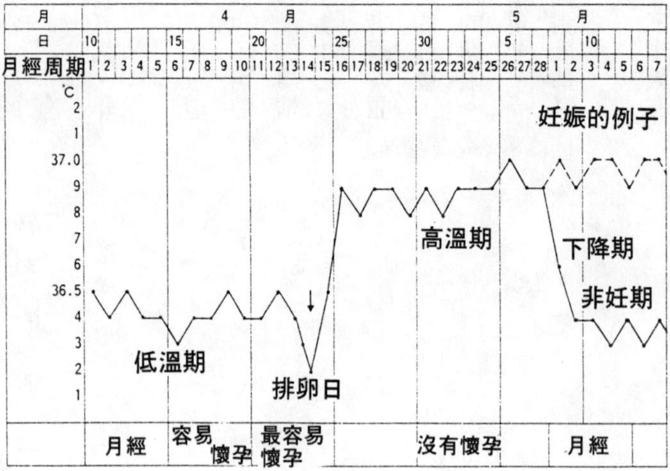

下，迎接受孕日，以及早先獲知妊娠的最有效的方法。

在測量基礎體溫時，至少要有四～六小時以上的持續睡眠，而在一覺醒來時，將女用體溫計（水銀式。數位式不可）放入口中，測量體溫。在測量體溫時或測量前，不可移動身體。

前表為月經周期二十八天時的基礎體溫表。

★最好能在排卵日之前進行X光檢查

月經來遲，而懷疑懷孕時，有人會想到去照射X光檢查，或前往婦產科檢查。有可能懷孕的時期是，從最後一次月經結束後開始計算，大約是在十四天前後的排卵期間。因此接受X光檢查，最好是在排卵前，即是在最後一次月經結束後，立即去檢查。若在排卵後的時期，因為在月經前有可能受精，所以最好避免照射X光。

但是，一般的X光所使用的照射量極微，所以照射一、二次，未必會對卵巢的機能與卵子造成不良影響，並影響受精卵

而生出患有白血病或畸型的嬰兒。

若是胸部的x光檢查，則不可以超過二十片以上。問題是，x光之類的放射線量會儲存，而具有傳給下一代的可能性。這意味著應該避免不必要的x光檢查。何況是在這種感受性高的懷孕期間，更應該要避免。

但是，患有像惡性腫瘍，必須長期接受x光或放射線治療疾病的女性，因照射x光而生出異常嬰兒。女性在接受x光檢查時，要隨時考慮到懷孕的可能性而慎行，或應在排卵日前方可。

在醫師之間，經常會有「看見女性就聯想到懷孕」。這是因為看見胃不舒服，想嘔吐的女性，有許多人的病因都不在胃，而是懷孕症狀的例子所致。因此，在進行x光檢查時，務必要確定未受孕。而且，謹慎的醫生，在對有懷孕可能性的女性進行x光檢查時，一定會詢問其最後一次月經是何時，而在確定為排卵日之前，才進行x光檢查。

但是，其中有人因為是在排卵後或妊娠初期，接受胸部等

▲血型不適合妊娠

因夫妻血型組合而引起母子之間血型的不合，從而發生流、早產與嬰兒黃疸異常嚴重而引起腦障礙。

血型不合，在RH型或ABO型都會發生。但是，RH型在第二胎以後，黃疸症會加重。而且，以男嬰居多，但若在初次妊娠時，流、早產後或分娩後，先為母體注射免疫球蛋白，就可以預防第二次妊娠時所引起的不合症。

此外，對於嬰兒的黃疸，也可以進行交換輸出等治療。ABO型時，嚴重的黃疸症較少，也較易解決。所以，在妊娠前或妊娠中，無需過度神經質及焦慮不安。

但是，夫妻兩人應事先做血型和妊娠的檢查，並與醫師先行洽談比較好。

之X光檢查，擔心害怕而不想生產的人，就把小孩拿掉。若是準備懷孕的女性，就會自己注意自己的生理狀況，而想在心寬的狀態下，迎接嬰兒的到來。

此外，在懷孕時，患了必需照射X光檢查的疾病時，當然應該用少量的放射線量拍攝照片，同時，下半身要有防護措施，聽取醫生的安全辦法。如此就可以安心地接受檢查。

就以婦產科來說，為了測量骨盤大小，在妊娠後期會拍攝二、三片X光照片，所以不必擔心。一個賢明的母親，應在妊娠前，預先接受必要的X光檢查。

★風疹與妊娠

在妊娠初期染患風疹，會生出先天異常的嬰兒。但是，懷孕後才急忙接受風疹免疫力檢查的孕婦也為數不少。聰明的女性，在懷孕前就應該去檢查。而未曾染患風疹，沒有免疫力則應接受預防注射。然而，不可在妊娠中進行預防注射。一定要在懷孕前，而且必須在數個月前進行。具體言之，即希望在月經完後，進行預防注射後，幾個月內要實施避孕。不可在沒有免疫力的狀態下懷孕。

日本，從一九七七年就開始以高中女性為對象進行活性疫苗接種。為人母的女性，在懷孕後，擔心染患風疹的憂慮，遲早會絕跡。

★為了產下健康的嬰兒而禁止吸煙喝酒

現代，隨著女性的加入社會，與男性並肩工作，強調女性獨立自主的那種女煙槍與喝酒的女性也逐漸增多了。在工作場所或夜晚在咖啡廳、快餐店，吸煙的女性，隨處可見。

然而，今天在香煙先進國的美國，香煙的危害被視為醫學上的問題。而「NO SMOKING」逐漸根植於美國社會。日本公共場所標示著醒目的「禁煙」文字，相信也是開放的女性所共知的吧！

煙酒對孕婦有不良的影響。在美國，根據報告顯示，煙酒是女性不孕的原因，並對卵子有不良的影響。若期望生出健康的嬰兒，則應該從懷孕前就遠離煙酒。清淨的空氣可以製造優秀的受精卵；可以培育出活潑的胎兒。而母親清潔的血液是胎兒最佳的禮物。

即使妻子不吸煙，但若先生抽煙，則在無形中被迫吸煙。尤其是從香煙點火處，直接瀰漫於空氣中的煙，據說含有大量的有害物質。希望為人父母者，對這方面的事情加以理解。

煙酒對新生命而言，都不是好東西。夫妻兩人都應該戒煙而開始計劃生育。酒精中毒的孕婦，發生流、早產現象的很多，同時容易生出先天異常的嬰兒。

對孕婦有害的物質不光是煙、酒。甚至汽油、揮發油等之化學藥品、迷幻藥、痲醉藥之類的，不僅對受精前的卵子、精子會造成不良影響，懷孕中對胚胎、胎兒也有影響。

冬季，在暖氣房中也應注意。儘管註明是外氣導入型暖氣

▲主動吸煙與被動吸煙

依自己的意志抽煙叫做主動吸煙。相反地，自己不想吸而吸入者叫做被動吸煙或間接吸煙。被動吸入人體的煙有吸煙者吸入、吐出的煙及自香煙點火處產生的煙。其中含有非常多的有害物質。

最近，在拒吸煙運動中，尤其排拒被動吸煙。

機，但若是在屋內排出燃燒氣者就會使屋內空氣汚濁。其雖然宣稱是完全燃燒，但仍會使屋內的空氣和香煙一樣地髒。而換氣也是暫時性的，使得暖氣房內盡是遭汚染的空氣。所以，暖氣機種以具煙囪而使燃燒氣排至屋外的構造為宜。希望在購買使用燈油或瓦斯的暖氣機時，應謹慎小心。

★肥胖與妊娠

在這個豐衣足食的時代，肥胖的女性有日趨增加之勢。無論是年輕人、中年人及產婦，已經因為肥胖而不適合懷孕。因此，卡路里的攝取量應予限制，同時要有適當的運動，對抑制肥胖比吃任何減肥藥更有效。

但是，肥胖有時是因甲狀腺機能降低症等疾病所引起的，所以應該接受醫師的診斷。相反地，為維持苗條的身材，而過分地限制飲食，以致因營養失調而造成貧血、體力下降的人也漸增。為了不危害自己的健康，重新評估生活，實有必要。過

女性身高與標準體重表

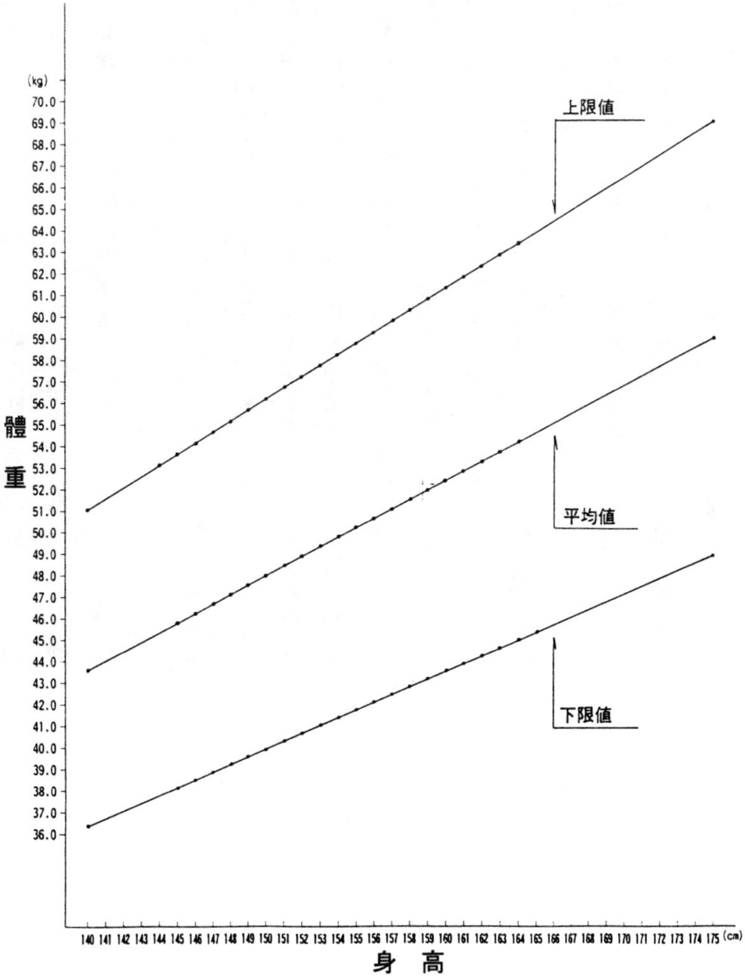
(kg)
70.0
69.0
68.0
67.0
66.0
65.0
64.0
63.0
62.0
61.0
60.0
59.0
58.0
57.0
56.0
55.0
54.0
53.0
52.0
51.0
50.0
49.0
48.0
47.0
46.0
45.0
44.0
43.0
42.0
41.0
40.0
39.0
38.0
37.0
36.0
體重
上限值
平均值
下限值
140 141 142 143 144 145 146 147 148 149 150 151 152 153 154 155 156 157 158 159 160 161 162 163 164 165 166 167 168 169 170 171 172 173 174 175 (cm)
身　高

胖與否雖不能一概而論，但是，一般來說，懷孕前的女性可用（身高cm－一〇〇）kg估計之（Broca體重。身高在一六五cm以下）。茲將東方女性的標準體重用圖表顯示，作為各位的推算參考。

倘若你的體重超出表中最上面的劃線，那麼就是肥胖。而比標準體重多百分之二十以上時，就可以說是患有肥胖症了。

若希望有個健康寶寶，那麼，希望在懷孕前能夠維持適中的身材。假使在肥胖的狀況下懷孕，那麼最好能夠在醫師的指導下，限制卡路里的攝取量及適當的運動。此時，節制卡路里並不會對胎兒造成影響。除了接受卡路里的計算方法和飲食的內容指導，每星期還必須測量體重。本來不胖的人，在懷孕後，體重一定會增加。而懷孕前與懷孕末期，體重的增加，最理想的是約在十kg以下。

此外，從懷孕中期開始，體重的增加應控制在每週〇・五kg以下。此時有人會因「吃得不多但還是胖了，可能是體質的關係，沒有辦法」而半途而廢，或暴躁地說「不要管我」，但是，其實他們每天都很在意自己的體重。而且只知道是運動不足及卡路里攝取過量所致。但是，只要你知道下面的事情後，我想你的心情會有所不同。

肥胖的人，雖然沒有任何的疾病，但在懷孕後，孕婦很容易引起妊娠毒血症、糖尿病、尿道感染症、難產、需剖腹生產、弛緩性出血，而且容易造成巨大兒、未熟兒、異常兒等。

因為甲狀腺與腦下垂體卵巢系統的異常而導致肥胖時，常因沒有排卵而造成不孕症。

此外，患有糖尿病、腎臟病或高血壓再加上肥胖，則應絕對避免懷孕。而專注於調養，使自己恢復健康。

★工作與妊娠

今天，沒有工作的女性，尤其是未婚者是很少見的。工作的性質是自營或務農時暫且不說，結婚後仍然上班的人，不論是在都市或鄉下都成了稀鬆平常的事。

因此，擬站在懷孕前母體環境的立場來思索女性的職業。

若從事的是一般事務的工作，則無論怎麼工作，對將來的妊娠都不會產生不良的影響，即使在懷孕中照常工作也沒有太大的影響。但是，工作是每天反覆、持續的。只從一天很難看出影響，而每天、每天累積下來就會產生影響。

以往，從事要使用攙入鉛類白粉的工作者，而發生不孕與流產的相當地多，所生出來的小孩，因鉛中毒而會有各種異常。另外像醫師、護士和檢查技師等從事處理X光、放射性元素及物質的工作，對懷孕前、懷孕中的女性是一件很危險的工作。

現今的農家，由於大量使用農藥，久而久之，會使體內積存有農藥遺毒，因此懷孕的女性是不適合從事撒農藥工作的。

此外，從事有關重金屬、放射性物質、揮發性物質（如稀薄劑、汽油等）及化學藥品等被體內吸收後，恐會引起有毒作用的工作等，對懷孕前的女性也是不適當的。

此外，像在酒家、夜總會及其他風月場所等必須與威士忌、酒等酒精接觸的工作，也會嚴重傷及母體。如果在加上抽煙則更形嚴重。若又痲藥、興奮劑成癮，就益發不可挽救了。染有這些惡疾的人在懷孕中，會引起胎芽病、胎兒病及異常妊娠等，同時會造成流、早產、畸型兒、異常兒、未熟兒及胎兒體重不足等，對母體和胎兒會有各種不良的影響。

再者，過度激烈的工作，對肉體和精神方面均不適。不論是為了經濟的因素或本身對社會的責任，懷孕前、中及後期，對生命而言，母體是唯一的，所以，應慎重選擇工作性質，同時小心工作為妙。

不過，話說回來，迎接嬰兒的準備工作並不只是女性的問題。男性的健康也是相當重要的。甚至男性在幼年時染患流行性耳下腺炎，會對精子造成損害。請在結婚前，預先接受精子檢查以獲知結果。更且，為使妻子安心完成懷孕、生產這種神聖的使命，希望為人夫者能成為物質和精神上的支柱。憑藉著夫妻兩人的努力，共創美好的未來。

★疾病與妊娠

迎接新生命的準備工作，最重要的就是孕婦本身的健康。一個孕婦若成天為疾病所苦，則會喪失在胎內培育嬰兒的信心。而且，在實際上，懷孕是母體的負擔。在懷孕時若患病而在治療中，還要擔心所服用的藥品會不會對嬰兒有所影響。

現在由於醫學的進步，只要不是罹患嚴重疾病，就可以一面持續接受治療，一面順利完成妊娠、生產。因此，身體不適時，可向專業醫生請教而不需要再獨自困擾。

女性在懷孕前就擁有健康的身體是最好不過了，不過，實際上具有先天性或後天性疾病的為數不少。

1 心臟病

患有心臟病的婦女對懷孕、生產有著很大的恐懼感，但並非所有的人都具有危險。輕微的心臟病患者或經手術過的人，仍可正常懷孕、生子及育兒。但是，在懷孕七～八個月及分娩時，對孕婦的心臟是一大負擔，所以在懷孕前應該和專業醫師仔細商量，即使在被允許懷孕後，仍必須和醫師們密切合作，仔細觀察懷孕過程。

平常稍微運動一下就會有呼吸困難、心臟跳動加速、胸部鬱悶且易疲勞的感覺時，務須接受醫師的診斷與治療。

心臟病患者會產生心臟不完全，年紀大（三十五歲以上）同時患有腎臟病、糖尿病及巴塞多氏症等併發症的人，稍微動一下就會感覺難受時，妊娠是極危險的。

有些人因為很想要孩子而隱瞞舊疾，且不接受心臟科醫生及婦產科醫生的治療，而造成慘劇發生的原因。

但是，相反地，雖然可以懷孕、生子，但因曾患有心臟方面的疾病，經心臟手術後，腎移植等既往症而認定自己沒有指望，而在極度不安下，很多人希望能夠施行人工流產手術。因此，使身體再度受到傷害亦不在少數。所以，最佳的對策是事前仔細和醫生商量決定。

另一方面，從胎兒方面觀之，母體的心疾病也是容易引起流、早產的原因，還會造成未熟兒、胎兒體重不足，同時，若為患有遺傳的先天性心疾病的孕婦則胎兒也會發生先天性心臟病。但是，若為後天性心臟病，孕婦則沒有那種傾向。

孕婦的心臟不健全時，會造成全身性缺氧，而使得透過胎盤吸收母體供給養分的胎兒也會缺氧。

2 患有肝臟疾病時

因急性肝炎或肝硬化而產生黃疸時，理應避孕。患有輕微的肝臟機能障礙的慢性肝炎等亦然。

妊娠初期，孕吐極端嚴重時，會引起各種程度的肝機能障礙。因此，在懷孕前應該預先檢查肝臟的健康情形。

一般說來，肝病與妊娠極少相提並論，但引起肝炎的病毒（ＨＢ抗原），在孕婦身上可以發現到二～三％。但是，大部分均為帶原者，不會引發肝臟疾病。再者，曾經感染此病毒而具有免疫力的ＨＢ抗體陽性，孕婦體內有二十～三十％。

在妊娠初期一定要進行肝炎的血液檢查。此外，亦可檢查出引發肝炎的病毒多寡，但是，一般都不實施此種檢查。

孕婦具有ＨＢ抗原陽性，又是持續感染者（帶原者），雖然不會造成畸型、流、早產、胎兒肝炎。但，胎兒在出生時或出生後，由於母體帶有病毒而必須預防胎兒成為帶原者。因此，在分娩、產褥時，應慎選醫院。若能解決此問題，則可安心進行母乳哺育的工作。

▲肝炎病患

被視為血清肝炎→肝硬化→肝癌病因的病毒包括有經口感染性Ａ型、經血液感染性Ｂ型及非Ａ非Ｂ型。

除Ａ型外，其他均是經由輸血而感染的。而對懷孕影響最大的是Ｂ型。此也可經由性行為而感染，更惱人的是，在分娩時與產褥期間，會由母親傳給嬰兒。

為不遺傳給嬰兒，必須慎重處理。因此主動接受檢查，而出生後的嬰兒更要接受預防注射。

3 糖尿病

糖尿病可算是遺傳性疾病之一，通常都在中年發病。年輕人患此症的並不多見。但是年輕人若患有糖尿病則多屬嚴重病患，若不進行治療則有不孕的傾向。

在日本，〇・二%的孕婦都患有糖尿病，而且有逐年增加的趨勢。體內有糖尿病因子的女人平常並不會感覺，但在懷孕時就會發病。有些人只在懷孕時會出現糖尿病的情形，在空腹時血糖值呈正常反應，但甜性食物吃多了，尿中的糖分會增加，血糖值也會增高，而顯示具有輕微的耐糖能力降低的情形。在此種情況下，也會對胎兒造成影響，而成為巨大兒或死產的原因，而且，小孩長大到了中年以後會有糖尿病的徵兆。

一般而言，大多數的人都是在妊娠中經檢查後，才發覺到尿中有糖分的情形，所以務期能在懷孕前，預先做一次尿糖的檢查。

在妊娠期間發生糖尿病時，很容易引發尿道感染症，妊娠毒血症等疾病。因此，在獲知尿中有糖分後，應該更進一步做

▲糖尿病備忘錄

糖尿病屬於遺傳性疾病。直系血親中若有人患有糖尿病，則尤其應注意。

但是，雖患有糖尿病，但若接受醫療管理，平常多注意，尤其是飲食方面要控制得當，則無需擔憂。本文中所列舉的疾病都是因為沒有接受醫療管理、治療所致的。

一般而言，尿中雖然沒有糖分，但從懷孕中期後，仍需控制卡路里，這不只是為了不使孕婦體重異常增加，同時也是為了不使胎兒過大而造成難產。

血液檢查等等，同時要接受醫生的指導，慎重處理。藥物和注射對胎兒會有不良影響，所以不可大意，但必要時可以注射胰島素。患有糖尿病會引起視網膜症，看東西極為吃力。

此外，尚會引起羊水過多症而胎死腹中、巨大兒（三八〇〇g～四五〇〇g）、未熟兒、畸型兒、新生兒的血糖低、低鈣血症及多血症等，成為死產、早產、新生兒死亡、障礙兒的原因。

▲浮腫

在懷孕前就有浮腫現象時，應接受貧血、腎臟病、心臟病及內分泌疾病等之檢查，此外也必須接受子宮肌腫、卵巢腫瘍等婦科疾病的診斷。

在妊娠期間發生浮腫，首先會從腳部開始而至全身。且手會變得不易握緊，體重會快速增加。此乃因腎臟機能不良，尿液排量變少，而使水分積存在體內所造成的。

然而，妊娠初期或中期，在臉部或手腳發生浮腫，且從妊娠中期以後，體重漸增，在一週內持續增加一公斤到二公斤以上時，會發生蛋白尿或高血壓進而引發妊娠毒血病。

因此，在只有浮腫症狀時，就應限制鹽分和水分的攝取量，方不至於導致後來的疾病，故應儘早實行。

4 腎臟病

懷孕期間最惱人的併發症是妊娠毒血症。症狀是浮腫、蛋白尿、高血壓。原貌尚不清楚，但被認為是由腎臟與血管系統的障礙所引發的。妊娠中期以後發病，具有遺傳因子。倘若你的母親在生你的時候患有此病，就應小心注意了。

但是，尤應留意的是，那些在小學、中學或高中時代曾因腎炎或蛋白尿而接受治療，迄今仍引發過膀胱炎或尿道感染症，患有年輕性高血壓，更於上次的妊娠中併發毒血症，而於產後變成慢性腎炎未完全治癒的女性們。

有上述疾病的婦女們，在懷孕後大多會併發妊娠毒血症。因此，若患有慢性的腎臟病、蛋白尿、高血壓及血尿等，希望能在懷孕前接受治療。這就是從妊娠初期應接受診察的道理。

在妊娠初期出現浮腫、蛋白尿、高血壓、血尿及細菌尿情形時，必須切實接受醫生的指示。經常做各種檢查，在日常生活中應該多加注意，尤其是飲食要控制得宜。此病對胎兒的影響，在妊娠中期以後尤甚。

▲蛋白尿・血尿

年輕人所患的站立性蛋白尿並不是極為嚴重的疾病，而發生問題的是，在妊娠前發生慢性腎炎或腎病變。

此疾病乃腎臟的再吸收機能受到傷害，腎臟感染細菌，尿中混有紅血球所引起的。又，尿中帶有大量的蛋白質時，會使血液中的蛋白質減少而變成低蛋白血症，引起全身的浮腫。

血尿係腎臟的線球體被破壞而排於尿中，同時因腎臟、腎盂、尿管、膀胱等之腫瘍或炎症所引起的，是造成貧血的原因。

一旦尿中出現蛋白尿，就不好醫治了，尤其是在懷孕期間容易變嚴重，一不小心就會引發疾病。再者，生產後也有長期治不癒蛋白尿的傾向。

5 貧血症

因大量出血而引起貧血時，因症狀激烈，任何人都知曉，所以會接受充分的治療。但是，也有在本人沒有察覺之中而發生貧血的情形，所以在妊娠前應事先接受檢查。

此外，偏食、睡眠不足、不當的勞動等也會發生貧血。倘若就這樣置之不理，會因缺氧而使卵巢不排卵，同時也會影響卵子的形成而產生異常卵子，在懷孕後更會引發各種異常現象。不僅會發生流、早產，還容易引起妊娠毒血症。

而且從妊娠中期開始，貧血會變得更為嚴重。即使在一般的妊娠過程中，胎兒係把母親的血液作為自己造血的原料。因此，在妊娠期間，母體的血液會逐漸變稀薄。這雖是生理上的現象，但血色素量若在某種程度以下時，就會引起各種障礙。

母體的血液變稀，意味著不能供給充分的氧量給胎兒，因此會造成胎兒氧量不夠而引起各種胎兒病，嚴重的會使胎兒死亡。

健康女性的血液中，每一cc中含有四五〇萬個紅血球，而

▲高血壓、低血壓

在懷孕前所患的高血壓，若為年輕女性則有原發性高血壓症與腎炎所引起的高血壓，若為懷孕過的婦女，則除了上述疾病外，尚有因前次妊娠毒血症的後遺症所發生的高血壓。

正常血壓為一二〇±二〇，最低為六〇±二〇，最高若達一五〇以上，則稱為高血壓。最高若在一百以下，則為低血壓。

年輕瘦小的女性較常發生低血壓。患有低血壓的人，臉色蒼白，容易暈眩，看一眼就知道身體不好。但，不是患有低血壓就不能懷孕、生產。此外，還應該檢查有沒有其他的疾病，如心臟病、內分泌疾病等。

另外，高血壓也要注意。一定要仔細檢查。尤其是高齡

紅血球中的血色素為一二～一四g／dℓ，血液成分中的凝固成分比（紅血球的容積率）約為四十％但一般性的貧血，其紅血球數在三五〇萬以下，血色素量在十g／dℓ以下，紅血球容積率在三十％以下。

孕婦，有高血壓者容易轉變成妊娠毒血症。

★感染症與妊娠

不管男女、只要內外性器患感染症，則依感染源（病毒、細菌）的種類而有各種病態。而且會成為不孕症的原因。

因性交而感染的疾病不僅只有性病（梅毒、淋病、軟性下疳），尚有衣形病毒，HB病毒、疱疹病毒、黏膜疹等，若於妊娠期間感染這些疾病，會傳染給胎兒與新生兒而引起各種毛病。最近，最可怕的疾病非黏膜疹莫屬。

濾過性毒傳染病中，以風疹最具知名度，衆所周知，在妊娠初期感染風疹會使嬰兒引起各種異常。爲了預防，在結婚前務必要檢查是否具有免疫力；倘若沒有免疫力則應接種疫苗以求具免疫力。

在妊娠期間，一般的感冒不會對胎兒造成影響，但若感染具有感冒般症狀的水痘，帶狀疱疹、單純的疱疹感染症時，仍會對胎兒造成不良影響而生出各種畸型兒與異常兒。在這些疾病的流行期時，不要到人多的地方。倘若工作場所正在流行，則請假在家方為上策。

在妊娠期間絕對不可接種任何疫苗。然而，為了出國旅行，傷寒、霍亂、狂犬病、A型肝炎、黃熱、白喉、破傷風等預防注射雖被允許，但是，並不能夠保証絕對安全。所以懷孕期間應避免出國旅行。

在妊娠期間，因便秘、白帶的增加等，而容易引起膀胱炎或尿道感染症，急性而嚴重時，會引起敗血症、早產、妊娠毒血症，不可不慎。

★子宮肌瘤、卵巢囊腫

在妊娠初期做超音波檢查，可發現子宮肌瘤和卵巢囊腫的機率很高。一般人在懷孕以前就有這些現象，但因未引起毛病，沒有症狀，通常本人都不知曉。

如肌瘤不大且發生在子宮外側，則對懷孕期間，分娩沒有重大的影響。所以不要因為有肌瘤就胡亂地動手術，而應仔細診察。倘若沒有出血現象則無需擔憂。

但是，發生黏膜下肌瘤時，就具有易引起流產的傾向。

在懷孕前就有月經過多、月經障礙、貧血的婦女，務必先將這些毛病治癒後，才計劃生育。否則發生黏膜下肌瘤時，會造成流產、早產、難產、未熟兒等等。

卵巢內的腫物可以分為生理性、良性及惡性腫瘍。

生理性腫瘍是懷孕時，卵巢會形成黃體，有時直徑可達三～五㎝左右，（做超音波檢查時，卵巢壁薄而裡面為液體）但無需擔心。

良性者直徑在五～六㎝以下時，一般沒有任何感覺，在懷孕期間幾乎不會造成不良影響。雖然如此，曾有年輕患者感覺

會有些許疼痛。

然而，像類皮囊胞腫（由胎生期的內、中、外胚葉組織形成的混合腫瘍）等良性腫瘍，在妊娠中急速增大時就需要注意了。

不管是那一種，當卵巢直徑達十㎝以上時，會因莖捻轉（卵巢的莖捻轉而終止血液循環的狀態）而引起激烈的疼痛。

若為惡性腫瘍則會造成不孕，甚至有生命的危險，所以應及早治療。通常患者本身都沒有感覺，但可用超音波檢查、血液檢查而早期發現。

除生理性囊腫外，只要發現卵巢有腫物時，就應該要接受檢查。

★子宮內膜症

原本是覆蓋於子宮內面的子宮內膜，但若發生在子宮肌肉層中、骨盤腹膜、卵巢、輸卵管及膣等地方時，就會引起子宮內膜症。依照月經週期而引起與子宮內腔完全相同的變化，每月反覆地內出血、外出血，因此發生腸、子宮等相關器官的癒合，而使子宮肥大、卵巢變大，具有強烈的月經痛、腰痛、下腹部疼痛等症狀。

此病患者以成熟女性居多，甚至高中生就會發生，而在二十～三十歲發生時，也會變成不孕症的原因。在更年期以後會自然而癒。患有輕微的子宮內膜症之年輕女子，藉著妊娠會自然痊癒，但，相反地，也會發生在流產、分娩後，總之是疑難症之一。此病不像子宮肌瘤般利用手術就可治癒的。嚴重時，必須將子宮或卵巢完全切除。

最近，正以長期服用荷爾蒙藥劑進行治療。

第二章

新生命的開始

（受精～7週的胎教）

從受精開始生命的旅程，經胎芽、胎兒到誕生。讓我們一起來看看，腹中美好生命的劇本。

☆受精的結構及其神秘的情節

在地球上，各種進化而成的動物，各自完成適應本身和生活環境的生殖系統。現今，像細菌般的單細胞生物仍僅靠著細胞分裂來承繼生命，而像海中的魚，則是一次產下很多的卵，但其中只有一部分存活成長下來。

但是，最進化的人類則是透過妊娠分娩來進行生殖，必須具有不同於其他生物的特殊而巧妙的系統。

妊娠時期，女子是從思春期到閉經期，男子是從思春期到八、九十歲左右，且在生殖時有一年的時間沒有發情期。這也可被認為是因人類生活自成的文明和文化的影響而不斷地在改變著，且不受自然的約束，而能更自由的生活所致。

新生命是從精子和卵子受精為受精卵開始的，因此，事前要在細密而巧妙的結構下，經過一段複雜的過程而形成精子和卵子。

▲卵子與精子

〈卵子〉每個女性在娘胎時，就已具有卵子根源的卵祖、卵母細胞約六百萬個以上，但在誕生後，兩側的卵巢各減為十六萬個左右的卵母細胞和原始卵胞，在思春期更減到約四萬個。其中大約選出四百個，而於每個月各成熟一個，成熟卵胞破了以後就會排出成熟卵子。這就叫做排卵，此時卵子的大小，約為〇・一五～〇・二〇㎜。卵子為了與精子相會，而被帶到輸卵管中。壽命只有二四小時。

〈精子〉男性在思春期稍早前，才形成精母細胞，此後持續到老年期都還會製造精子，而精子的數量數以千計，精母細胞約經過六一天複雜的過程而形成精子。成熟的精子頭部為二・五微米、尾部為五十微米之蝌蚪形，含有精子的精液儲在精囊中，一次射精大約會射出三～五cc的精液。每一成熟的女性，通常每月會從卵巢排出卵子一次。這是由於間腦下垂體系統和腦下垂體卵巢系統複雜的機能所引起的現象，而其機能係由人的年齡、生活環境、健康狀態等而逐漸改變的。從卵巢排出的卵子在內性器的荷爾蒙環境的變化中，為了與精子相會而與卵胞水一起到輸卵管前端的寬廣部分等待著。

另一方面，經射精的精子從膣到子宮，及至卵子等待的輸卵管，歷經一段很長的旅程。約以每分鐘三㎜的速度擺動尾部向前移動，約四五分鐘後到達輸卵管之前，而其移動被認為受女性內性器及荷爾蒙的幫助相當大。

但是，一個卵子就必須有數億的精子參加作業，各位或許認為不可思議，但，事實上，這些精子除要互相競爭，還必須有成功受精所需的環境努力配合。因此，精子數目太少就不易受精成功。卵子在成熟後，被包入成千上百的濾胞細胞（卵巢中包圍發育中的卵之卵胞的細胞）中，更具有多層的透明皮膜。而卵子在突破最外層的細胞層時，需要多數精子所持之各種酵素。而且，在精子進入卵子表面的透明層膜後，該層膜會引

cc的精液含有四千～一億個精子及刺激精子和卵子的物質與精子運動燃料的果糖等。精子在進入女性體內後，受精能力持續三十二小時。

精子的體積／卵子的體積＝一／八萬五千。

▲子宮內膜

子宮是從膣腔突出到骨盤腔之中，呈西洋梨狀的器官，最裡面的圓形部分為子宮體、突出於膣腔的部分叫做子宮頸。子宮體的內腔有子宮內膜。此乃是依照月經週期而完成變化。從月經過後到排卵期間，內膜層變得很肥厚，表示增殖期，而從排卵後到月經來潮前，內膜層充滿大量的血管，變得較為柔軟而移至分泌期。

此時，若沒有受精，則此內膜層會剝落而溶解出血，經膣腔排到體外。這就是月經。倘若受精，則分泌期的內膜會變得更為肥厚柔軟，成為受精卵的著床。

起多種變化，阻止後面的精子進入，是一種只讓一個精子進入的結構。

為了使卵子和精子順利受精成功，深受排卵前後的荷爾蒙之影響，而使子宮的頸管、子宮腔、輸卵管等整備成精子通過所需的條件。

例如，位於膣腔內之子宮入口的頸管粘液的粘度，會受卵巢產生的荷爾蒙之影響而改變。在平常粘度很強而阻擋精子從膣腔進入子宮腔，但是在排卵前後，粘度會變低而得以使精子通過頸管。

另外，卵管內面的細胞長有很多細毛狀物，有助於精子早一點到達卵子所在地。

除了具備了上述周密的準備後，為了使受精成功，還有另一個重大的條件，就是要在卵子與精子短暫的壽命期間，把握相會的最佳時機。如此想來，人類新生命的開始，僅用神秘兩字是無法形容的。而在科學發達的今天，生育的機構面紗被掀開了，而使人驚訝於其完美。

▲染色體

人類的身體是以各種細胞所形成的，而每個細胞都具有細胞核，核中有四十六個以DNA（脫氧核糖核酸）等所形成的染色體。

四十六個染色體中有四十四個被稱為一般染色體，二個形態相同的成為一對，總共有二十二對。剩下的二個是稱為性染色體的X與X或X與Y，前者為女性，後者為男性。

通常細胞經反覆地分裂而逐漸增加，此時，在某個時期，染色體一旦出現同對者各二個相對，則表示有四六×二的染色體數目，而細胞質分成二個時，染色體也會等分而製造細胞核，結果就成了具有四六個染色體。此稱為有絲分裂。

但是，在卵子或精子的製造過程中，在有絲分裂之後，染色體會發生減數分裂。結果，卵子的染色體變成二二＋X，精子的染色體變成二二＋X或二二＋Y，而受精卵則為四四＋XX或四四＋XY。

受精卵的着床情況

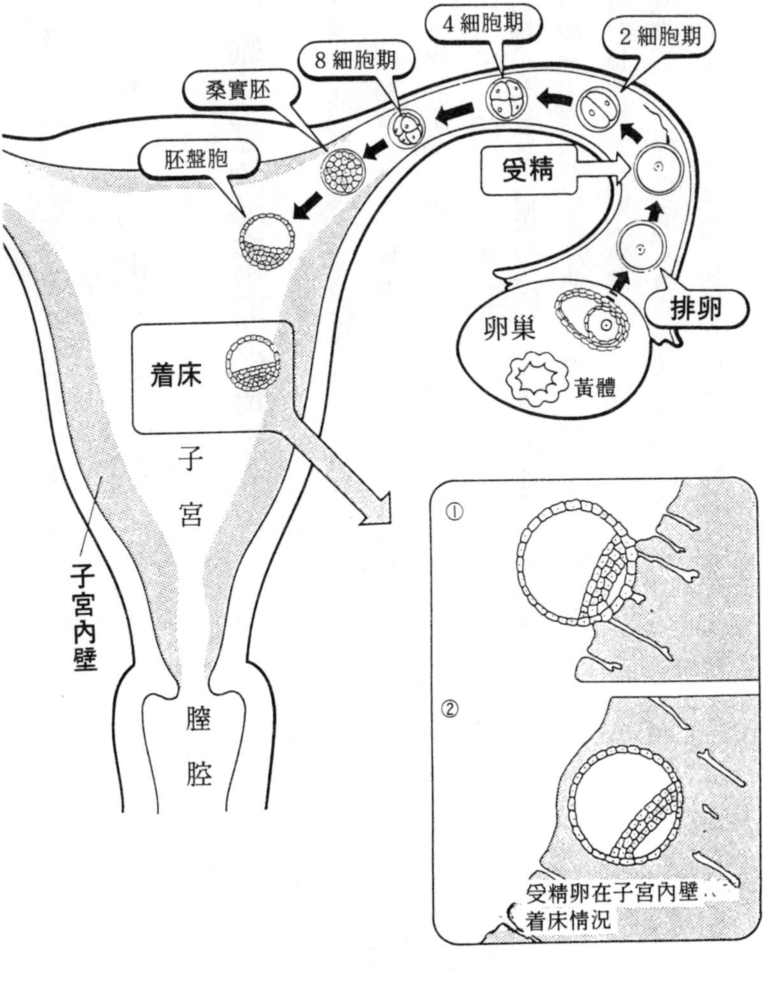
4 細胞期
2 細胞期
8 細胞期
桑實胚
胚盤胞
受精
排卵
卵巢
黃體
着床
子
宮
子
宮
內
壁
膣
腔
①
②
受精卵在子宮內壁
着床情況

受精～3週（第1個月）的胎教

在未察覺之中，已開始進行「分化」

☆妊娠成立的受精卵與母體

◆受精卵的形貌　**從受精卵到胚盤期**　精子與卵子結合而受精成功後，開始如何發育呢？由於受精卵獲得雙親染色體上各半的遺傳因子，而在胎盤中製出新的遺傳因子的組合。

卵子和精子在各雙親體內製造時，在複雜的細胞分裂的構造中，染色體減半而成為二十三個，但卵子和精子結合變成受精卵後，就再擁有四十六個染色體了。

一個女性和一個男性之間，由於受精而發生的染色體的組合，據說有七十兆種。其中的一個組合會成為受精卵，而產生

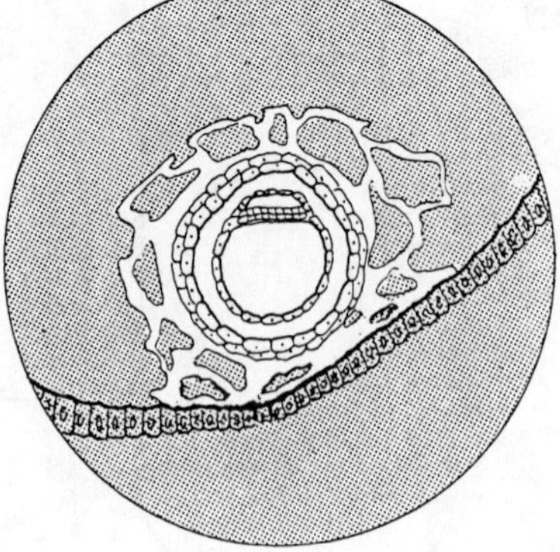

具有不同個性的嬰兒。

每個受精卵都在染色體上的遺傳因子中，具有製造人體所需的各種情報。從受精卵到發育成嬰兒的所有的現象，都是依照此情報進行的。而嬰兒出生後到長大成人的成長程序也是遵循此遺傳因子的情報而順應各種環境向前發展的。

人類的遺傳因子，僅任務明確者，據說，就約有五萬個，但那不過是微乎極微的。此外，也有其他的研究者，說是一百萬個或二百五十萬個。總而言之，就是有很多的遺傳因子。其中，不只是有我們不知其任務的，還有因環境而變化的。這些遺傳因子就在於人類所持的四六個染色體的DNA上。

那麼，在輸卵管中受精的受精卵會產生像荷爾蒙般的物質，通知母體有新生命形成。而獲知該情報的母體就會發生反應而開始各種功能。

首先是，卵巢會產生黃體，同時分泌大量的黃體激素。以此為導線，使全身的內分泌系統進入妊娠的支援狀態。受精卵藉輸卵管中內膜的纖毛之助，而得以朝子宮內腔移動，同時開

▲由各胚葉分裂形成的器官

〈**外胚葉**〉包括有中樞神經、末梢神經、眼、耳、鼻等之感覺器官，毛髮、指甲、汗腺、脂腺等皮膚器官，表皮、腦下垂體、牙齒的琺琅質，各器官最表面的細胞群及其他。

〈**中胚葉**〉包括有骨、軟骨、全身筋肉、血球與淋巴球、心臟血管與淋巴管、循環器、生殖器、腎臟、副腎臟皮質的荷爾蒙器官及其他。

〈**內胚葉**〉包括有氣管、支氣管表面的細胞群、扁桃、甲狀腺之荷爾蒙器官，肝、胰臟等的消化器官、膀胱與尿道部分表面的細胞群、耳朵表面的細胞群及其他。

始進行細胞分裂，而邊增加細胞數目邊變成如桑葚果實般的細胞塊。

在受精後的第六～七天，為了攝取發育所需的營養而進入母體的子宮腔，同時，自行排出分解蛋白質的酵素，而將母體的子宮內膜（變得肥厚、富血管而柔軟）加以溶解而鑽入，並開始著床。妊娠就此成立。

受精卵在著床之後，從發達自營養膜的絨毛組織產生絨毛性促性腺激素。而且，不斷地由周圍的子宮內膜攝帶營養份，經過旺盛的細胞分裂開始分化。外壁為營養細胞，中間部分則成為胎兒成形的胚結節，而整個外觀呈一小袋狀的胚盤胞。

當細胞數目到達一五〇個左右時，將來胎兒（妊娠十週起稱為胎兒）成形的胚結節就會分裂，而於受精後七～八天內，分裂成內胚葉、中胚葉及外胚葉三個細胞群，將來製造擔任不同任務的身體的各個部分。其間包圍著形成胚子的胚盤，完成羊膜、卵黃囊、羊水腔及胚外體腔，其中含有液體。而將包圍這些構造的袋狀物叫做胎囊。其直徑約為一～二㎜大。

▲胎囊・卵黃囊

〈胎囊〉受精卵在子宮內膜著床後，會製造含有胚子與液體的圓形袋狀物。妊娠第四週末期，用超音波可以觀察到，且會不斷地變大。

〈卵黃囊〉位於胎囊中，呈球狀的囊（直徑三～九㎜），與胚子連接，含有形成血球和性原基的細胞。

此外，外側的營養膜細胞與著床部位的子宮內膜之間有著營養膜合胞體，這二種營養膜，將來會變成胎盤，同時與胎兒之間會形成臍帶。受精卵就是從這樣的母體攝取氧及營養的。

受精後，經過三週，胚盤會變成胚子，而發育成長具有各種器官。而且，胎囊的直徑會達十㎜以上，且日益變大。

受精後，經過二、三天，胚子會變成一～二㎜大，同時，藉由將來形成心臟的血管的收縮而開始拍動，以輸送血液至全身。而此種在心臟形成之前就開始行動的傾向，已經可以看出胎兒身體的各個部位。從胚盤變成胚子後，最先開始形成器官的是中樞神經系統，而在受精後第五週末期（妊娠第七週末期）就完成中樞神經系統的基礎。

而在妊娠第一週後，心臟就具有四室了，到妊娠第九週末期（妊娠三個月），幾乎身體所有器官（頭、胸、腹、骨盤部及其中的各個臟器）的雛型和面貌、四肢等就已形成了。而將這種形成各器官的時期稱做胚子期、器官形成期。

而且，這個新個體，不久就會逐漸自行製造人類所需的所

有器官與機能。而受精卵就是具有這種卓越的能力。

臨界期、器官形成期、胚子期 在未察覺懷孕的妊娠初期，正是胎兒各種器官雛型形成的特別時期，所以特別要注意母體的健康。

受精後一週內，受精卵有五十％的存活率。在第二週時，這個新生命，還相當弱小，會因環境的影響而輕易喪失生命。在經過三週後，稍稍變強壯而不會輕易就死亡，但在環境的影響下，會阻礙每時期各種部位的分化，而變成畸型兒。這種比例，會發生在受精後七週（妊娠九週末＝妊娠三個月）以前。而將這個時期稱為臨界期。

在胚子期完成器官形成後，胚子會成長增大。

在觀看胚子與胎兒在胎內的分化、形成及發育，則可知在製造身體的組織與器官的過程中，已經伴隨著此種作用。這是極為重要的一件事。

亦即，組織與器官的形成，若受到藥物、化學物質、病毒與細菌的影響時，當然會影響胎兒，而形成不完整的身體。

胎兒（胚子）各種器官的形成

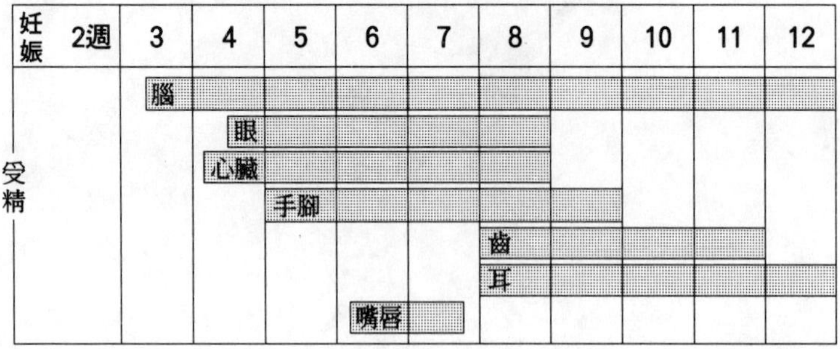

新生命具有的遺傳因子與包圍新生命的環境，基本的關係法則就在於此。因此，考慮有關胎兒周遭的環境，是相當重要的事情。

☆胎兒的特別時期

在妊娠的第一個月是母體尚未感覺腹中有胎兒的時期。即使是上醫院檢查，但是，因為妊娠反應尚未明顯表現，所以，醫生通常會對你說「請再過七天左右再來一次」。

從這個任何人都不確定的時期到妊娠第三個月左右，實際上，是胎兒一生最重要、最特別的時期。

細胞是製造人體的要角。而且在此細胞核中，有著來自母親與父親各一半的遺傳因子。而細胞就是依循著遺傳因子的程序進行分化，完成身體的組織與各種器官。

而在著床後，這個細胞會以驚人的速度開始進行分化。

在妊娠初期，若有從外部而來的巨大刺激加諸於胎兒身上

，就會使胎兒好不容易形成的腦、手腳的發育程序失常。

會使胎兒成長的程序失調的刺激相當地多。在妊娠初期（四週～八週），由於孕婦服用安眠劑而對胎兒剛剛形成的手腳的原基的部分與神經元造成傷害，而在中途停止分化。因此，就會生下手腳異常的嬰兒。

此外，孕婦在妊娠初期的臨界期感染風疹，造成胎兒眼、耳、手腳及心臟異常的頻率頗高（三三～五八％）。

再者，孕婦抽煙、喝酒、精神焦慮也會妨礙胎兒的正常發育成長。

在懷孕兩個月左右，胎兒的生殖器官開始形成，此時孕婦為了預防流產而服用某種黃體激素，因此種激素具有男性化作用，對女胎來說，將來出生後，容易發生男女不分的悲劇。性分化的臨界期，一直持續到妊娠五個月。

由以上的說明，想必各位都已明白，妊娠初期是胎兒最為特別的時期了吧！在這段時間，為了不帶給胎兒不良的影響，希望能加以小心注意。

妊娠週數、月數稱呼法

5個月				4個月				3個月				2個月				1個月				月數	妊娠曆
19	18	17	16	15	14	13	12	11	10	9	8	7	6	5	4	3	2	1	0	滿週數	
流產																	▲ 排卵日		▲ 最後月經日期		

☆基礎體溫的變化

在計劃生育的女性之中，也有人不清楚排卵與受精的身體變化。但是，對大多數的人而言，記錄基礎體溫表，就能正確地判斷是否懷孕。

每天早晨，持續不斷地記錄基礎體溫，若高溫期（三七度左右）持續二週以上，就有懷孕的可能。

腹中的胎兒，雖還只是小小生命的胚子，但已經開始踏上人生之途。而形成腦及身體原基的細胞，從懷孕的第一個月就已開始。這就是為何要儘早知道妊娠的重要理由。

☆來自胎兒的招呼

妊娠的徵兆，因人而異，有些人會變得慵懶發熱或下腹部會疼痛、焦躁不安、容易發怒，而且乳頭會變得很敏感，一經

					10個月				9個月				8個月				7個月				6個月			
44	43	42	41	40	39	38	37	36	35	34	33	32	31	30	29	28	27	26	25	24	23	22	21	20
過期產			正期產					早期產																

摩擦會有刺痛之感等等。這些現象可說是胎兒對母親的第一類接觸，但對患有月經障礙症候群的女性而言，有時會把它誤以為是月經前的症狀。

更有些婦女還會把慵懶發熱誤以為是感冒而服用成藥，把下腹痛想成是便秘所致而吃瀉藥的案例，意外地多。這些婦女，不久在察覺到下一次的月經也沒來訪之後，心想：「該不會是懷孕吧！」就急忙跑到婦產科，臉色發白害怕地說道：「醫生，我因為不知道自己懷孕，而持續服用感冒藥已有一個星期了。要是對胎兒造成不良影響的話，該怎麼辦呢……。」

已結婚的女性，雖然來計劃懷孕，但只要未做充分的避孕工作，隨時都有懷孕的可能。同時，在身體有異常感的時候，應該首先想到懷孕。這種來自胎兒的訊息，是由受精卵著床於子宮內膜後所產生的荷爾蒙來擔任的。也是胎兒叮嚀母親小心注意的信號。結婚後女性，若能養成每天測量基礎體溫，事先獲知自己生理上的節奏，就不至引起這種疏忽的事情。儘早獲知懷孕是培育健康嬰兒的第一步。

預產期的計算方法

Naegele的略算法

以最後一次月經來潮的月數加上9。總數若在13以上，則減3。所獲得的數字就表示生產的月數。

以最後一次月經來潮的第一天的日期加上7則為生產的日數。

「計算例」

最終月經　1月8日起6天時
1＋9＝10　8＋7＝15
預產期　10月15日

最終月經　10月15日起4天時
10－3＝7　15＋7＝22
預產期　7月22日

最終月經　6月29日起3天時
6－3＝3　29＋7＝36
3＋1＝4　36－28＝8
預產期　4月8日

本略算法係以最終月經為基準，但未考慮排卵日，所以，與實際有出入的情形居多。因此，準確性不高。

此外，還有從害喜、胎動的最初察覺日來計算的方法，但，這種計算法更不準確。另亦有McDonald的略算法，係以測量子宮底的高度為基準的計算方法，但也不正確。

最正確的是，測量基礎體溫，同時確定排卵日期的情形。以排卵日加上266天，即可獲知正確的預產期。

第二正確的是，在妊娠初期接受超音波檢查，而由胎囊的大小、胚子的大小、胎兒頭顱的大小來推定的方法。

實際上，在妊娠三個月前，有害喜現象時，應該受診二次左右。

從妊娠前就一直持續測量基礎體溫，而確定排卵日的情形下，正確性最高。以最終月經來計算也靠不住，且因到婦產科醫院接受診察也是在肚子變大之後，所以無法正確地計算出預產期。

4～7週（第2個月）的胎教

胎兒的身體及胎動的開始

◆胚子的形貌　在這個時期，用超音波觀察孕婦的子宮內部，而在妊娠五週起，可以看到呈白色環狀的胎囊像。其在一週內，直徑可以從十㎜發育成長到二十㎜。而且在良好的狀況下，可以看得到圓形的卵黃囊（三㎜）與心跳。胚子呈一～二㎜點狀之貌。

在妊娠六週時，胎囊從二十㎜發育成三十㎜，胚子則成長到八～九㎜。形狀完全隱藏在薄圓板狀的羊膜腔內，身體向前踡蹺成圓形。頭與胴體開始形成，但其他細部則不明確。然而，胚子發育到八～九㎜以上時，可以看見胴體尾部緩慢地拍動。這可說是人類最早的動作。

到妊娠七週時，胎囊從三十㎜增大到五十㎜，胚子從頭部到尾部的長度（頭臀長）由八～九㎜發育成長到一四㎜左右。

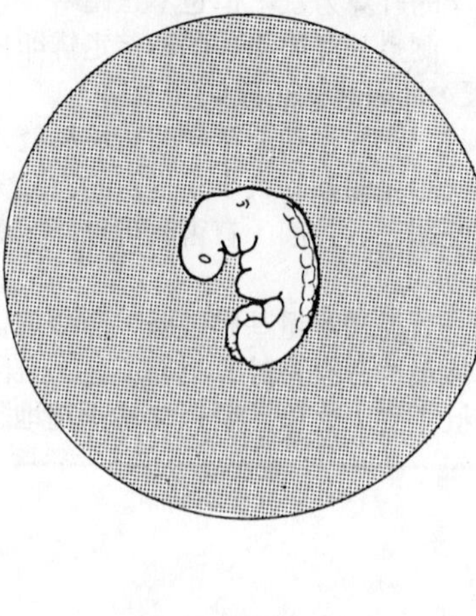

頭與胴體更為清楚。實際上，已有手腳的雛形了。胚子四周的羊水也逐漸增加，而使胚子更容易行動。

在胚子發育到一二㎜左右時，行動部分主要在尾部，但是，頭與胴體幾乎也一起在動。雖然，在這個時期，肌肉組織與神經纖維尚未形成，不過仍然可以動。胚子的形狀似海馬。

腦與脊髓的神經細胞，約有八十％是在此時形成的。同時，脊髓、眼、視覺器官、胃、肝臟等之分化也始於此時。心跳次數每分鐘一三〇～一五〇左右。

☆妊娠反應檢查要趁早

「總覺得懷孕了」，當月經比預定日延緩了十天以上時，身為女性首先會想到妊娠。

妊娠與否，可在妊娠四～五週時，檢查孕婦的尿液就可確定。最簡單的妊娠反應檢查就是尿液檢查。在妊娠初期，從胎盤的絨毛組織會製造絨毛性促性腺激素的荷爾蒙，並出現於尿

▲何謂超音波斷層裝置

一面將超音波（頻率高到人類耳朵聽不到）發信裝置滑過孕婦的下腹部，一面收取發射、反射回來的超音波，並將其映到監控器的裝置。

無須擔心會像X光一樣，對胎兒造成不良影響，同時可迅速診斷胎兒，例如，可立即判斷是否是因不正常的出血而造成流產，而可採取因應措施。

在現代而言，在加深胎內時期母子的聯繫上，成效卓越。

中。而由此種荷爾蒙的存在，就可以確實懷孕了。最近，由於開發出反應敏銳的試藥，在妊娠四週時就可以診斷出來了。婦女朋友們，當你們懷疑自己「是不是懷孕了呢？」就應該儘早到婦產科進行檢查，以期確定月經遲來的原因，是不是因妊娠而起的。而且，在確定懷孕後，就應該堅定開始生育的決心，而著手完善的準備。

不管時代如何改變，女性仍把懷孕、育子視為重要工作。雖然這是每個女性都會的事情。

在妊娠時期，婦產科醫院，就是提供安全照顧的地方。在懷孕八個月以後，與孕婦一起肩負起看護胎兒的責任。而在醫學知識日益進步的今天，及接觸過無數個胎兒與孕婦的經驗下，醫院在不久的將來，或許就能聽到連孕婦都聽不見的胎兒之音，同時也能為我們翻譯胎兒世界的語言。

在定期檢查時，除了要正確回答醫生詢問的問題外，自己有問題時，也應不斷地發問。與醫生詳細地交談，可說是精通育兒的捷徑。特別是小家庭，沒有婆婆或母親可以商量的初次

▲超音波的安全性

相信有人會對超音波對母體與胎兒有無影響，抱持不安的心理。

然而，從日本厚生省（衛生署）身心障礙研究，胎兒環境研究班的實驗調查中，強度每平方cm一～二w以上時，才會對胎兒造成影響。

而目前使用的超音波是在其千分之一以下。所以不需擔心超音波會對母體與胎兒產生不良影響。

妊娠的婦女，希望能與婦產科醫生建立良好的人際關係，以期遇到困難時，能獲得解決。

最近，在報章雜誌上報導，已有自行測試是否懷孕的試藥上市。那是將試藥攙進自己的尿液中，而由尿液顏色的變化，就可以判斷懷孕與否。但並不能檢查出妊娠是否正常。因此，會有喪失接受適當處置的機會，不可不謹慎。

☆害　喜

大多數的婦女在月經逾時不來後會噁心的感覺，進而嘔吐，這種妊娠狀態下的嘔吐現象叫做「害喜」。也有些人完全沒有這種現象，而且孕吐的輕重程度因人而異。有時會非常難過，但因不是疾病，所以任何孕婦都能夠克服。這種害喜現象是懷孕的重要象徵，也是一種喜悅的訊息。

但是，也有人把這種害喜現象視同痲煩，而充滿被害者意識而張慌失措。

▲害　喜

在妊娠初期發生的各種變化稱為害喜。害喜的輕重程度因人而異，主要會食慾不振、噁心、嘔吐、飲食的口味改變。

此種現象是受胎盤的絨毛組織製造的荷爾蒙之影響，但是，精神上的要素也很強烈。然而，到妊娠四～五個月胎盤完成時，自然就會消失。

然而，嘔吐嚴重到出現脫水症狀時，就必須接受治療了。

通常，害喜時會導致心情低劣，但要忍耐，沒有食慾時，可以做一些對胃的食物，寧可積極地接受懷孕這個事實，努力去面對每天的生活，但是，也有些人尚未進入情況，而多次到醫院，「醫生，請開一些治療孕吐的藥」，「倘若還這麼不舒服的話，我寧可不要肚子裡的胎兒」發著牢騷。

這些人，大概都是在成長的過程中，未曾學習到母親延續生命是很重要的事情所致。

害喜的能否忍耐，其中也包括，孕婦怎麼去想孕育胎兒的精神上的問題。對尚未準備做母親的人而言，害喜當然會不舒服，對她來說簡直就是「生病」。

但是，孕吐過於嚴重，而無法忍受時，去找醫生商量也是很重要的事情。這是因為，害喜症狀嚴重時，有時候是發生異常的徵兆。

舉例言之，當孕吐嚴重到連喝水都沒有辦法，最後還會吐血，同時體重日減時，並不是振作起精神對自己說：「連害喜都不能忍受，是無法生出健康寶寶的。」所能解決的。

當孕婦嚴重缺乏水分時，就不妙了，所以不能攝取水分時，就應該立即找醫生檢查，並注射點滴以補充水分。

曾經就發生過，孕吐太過嚴重，經檢查後，發現是「胞狀畸胎」的事情。

☆正常的妊娠訊息應忍耐

害喜症狀最多的是噁心。此外，還有飲食口味的改變、對味道極為敏感、皮膚會變粗糙、比平常更會流汗、站立太久會暈眩的感覺。

在妊娠初期，除了會有噁心的現象外，還會發生便秘或下痢、尿意頻繁。這是因骨盤內部充血及子宮擴大壓迫膀胱的關係，無需擔心，但基本上，應與醫生商量，開些不影響胎兒的治便秘或下痢的藥物。

此外，排尿的次數增加時，必須進行尿液檢查以確定不是因膀胱或尿道感染症所引起的。

其他，還會經常引起下腹疼痛。其疼痛的原因若不是便秘、下痢或膀胱炎時，可能是由於內性器所引發的疼痛。這是因妊娠時子宮不規則的收縮所引起的生理現象，大多是輕微而不具害處，不過，其中也有些是異常妊娠初期的症狀，所以仍應找專門醫生商量檢查。

在懷孕初期，經常會發生微量的出血現象。雖屬短暫性的，但仍必須接受醫生的診察。特別是與下腹疼痛同時發生時，可能是死胎、流產的徵兆、胞狀畸胎或子宮外孕所造成的。

有害喜症狀發生時，在精神上更顯不同。容易憂鬱、焦躁而因一些微不足道的無聊事動氣。有時還會把自己的心靈封閉起來，對任何事都絲毫不存關心，家庭生活也不能夠順利協調。在嚴重時，具有被害者意識而怨恨先生，斷然拒絕先生的苦心而逕回娘家，甚至還發生要求解除婚姻關係的悲劇。

為什麼會引起害喜症狀呢？其原因至今尚不清楚，而在醫學上，認為是由懷孕所產生的荷爾蒙之影響。當受精卵在子宮的內膜上著床後，就會分泌絨毛性促性腺激素的荷爾蒙。而因為此種荷爾蒙不是母體內原本就有的，所以在習慣之前，會產生各種違和感，也可以想成是一種不同個體的移植。因為一半具有不同於女性的男性遺傳因子，所以當然是屬於異種蛋白體，而無法隨心所欲地納入母體內。害喜也可以想成是母體方面的生物體拒絕反應的一種，而擔任中和此種拒絕反應的是，黃體荷爾蒙的任務。害喜症狀，通常在開始發生後一、二個月就會消失。

在這個時期，擔任運輸營養的胎盤和臍帶的組織才開始發育，尚未完成。因此，孕婦若不知自己懷孕，而過度勞累及進行劇烈的運動，很有可能會造成流產的原因。

害喜亦被認為是胎兒對母親傳達：「不要把待在腹中的我忘記了呀！」如此想來，即使害喜稍稍不舒服，也能夠忍受了吧！

☆食不下嚥勿擔心

▲營養失調

現代人，已經很少會因食物不足而瘦弱不堪。營養失調是因食物整體的不足所引起的，但在更廣泛的意義下，也可以解釋為某些營養素嚴重缺乏的狀態。

現代雖被稱為飽食時代，但，仍有極端的偏食情形發生。

害喜時持續到妊娠二、三個月時，由於食慾降低，而擔心會不會對腹中的胎兒造成不良的影響。

不過，經檢查後，在這期間即使有嚴重的噁心嘔吐的孕婦，其間不接受治療，而以超音波觀察胎兒的發育情形，絲毫不受影響，而一直「如期地成長」。

這是因為害喜時期，胎兒還小，所以所需的營養量也就極為稀少。因此，即使母體食慾不佳，也不會造成胎兒營養不良。

儘管鈣與蛋白質是胎兒製造身體所必須的營養素，但孕婦若是勉強自己去吃，而使心情惡劣，則於事無補。孕婦在這段時期，飲食的口味會完全改變，看見肉與魚就會噁心，親自做飯時，往往受食物氣味的刺激，變得一點胃口也沒有時，就不要勉強自己。

在想吃時，吃些自己想吃的食物，就可以從為了轉換成胎兒所需的蛋白質，而「非得吃下」的強大壓力感中解放出來，不久，食慾反而會油然而生。特別是水分的攝取十分重要。但咖啡與紅茶不要攝取過多較好。這是因為咖啡與紅茶中所含的

▲定期檢查的必要性

「妊娠分娩是女性的生理現象，無需特別請醫生檢查」、「沒有必要浪費金錢，而且也沒有時間」，有這些想法而不接受定期檢查的婦女，大有人在。其中以因上次妊娠正常的孕婦最多。

此外，也有人看醫生是因為自己不想分娩、不想進行剖腹生產，所以在妊娠初期就去找助產士的，上述都不是值得讚許的作法。

定期檢查是因為現今妊娠分娩的安全性是建築在醫學的進步上。但若和醫學的發展相背向，則當然會忽視異常的早期發現及早期治療，而對胎兒造成不良影響。所以，從月經停止時，即應儘量從妊娠早期就去請醫生診治，同時有計畫地接受定期檢查。

咖啡因，大量攝取對胎兒不好。

害喜的情形因人而異，所以如何安然渡過？就靠自己下工夫，儘早找出自己害喜的毛病所在。

例如，大多數人在早上空腹時較為嚴重。此時，就可以在早上起來時，吃一點食物，你將發現，對抑制孕吐的情況有所幫助。

在這期間，做先生的應該協助妻子，以使其輕鬆渡過。

☆懷孕期間是改善飲食習慣的大好時機

在懷孕的第一個月，胎兒還很小，只有一㎜到二㎜，所以，營養只需一點點。但是，很快地就漸漸需要大量來自母體的營養。此時，孕婦若偏食就會造成營養失調，所以，為了日漸成長的胎兒，應該努力改善飲食。

孕婦的營養對胎兒的發育有著很大的影響，是任何人都知道的。像衣索比亞等國家，由於糧食長期的不足，使得孕婦的

▲孕婦檢查的次數

通常在妊娠十一週之前，胎兒的狀態尚未安定，每一〜二週一次，以內診和血液檢查為主。其後到二四週前，母子若沒有變化則每月一次，三十週以後，雖無異常但以每二週一次為宜，而以外診、血壓、尿液及胎兒心音等檢查為主。而在最後的四週，每週一次或一次以上，必要時需進行各種檢查。

營養狀態不佳，所以生出的嬰兒都很瘦弱。

懷孕期間，不是只吃某種食物，就會生出頭腦優秀的小孩。但是，孕婦腹中胎兒是利用母體所吃的營養而成長發育的，卻是事實。倘若，母體過度偏食，不但會危害母體本身的健康狀態，同時也很難培育出健康的寶寶。

定期檢診時檢查事項

	妊娠初期	妊娠中期	妊娠後期
一般檢查	內診 血液檢查（血液型、貧血、HB抗原、風疹抗體） 梅毒	外診 尿檢查 血液檢查（貧血） 子宮底長・腹圍・體重・血壓測定 胎兒心音、內診	外診 尿檢查 血液檢查（貧血） 子宮底長・腹圍・體重・血壓測定 胎兒心音
必要檢查	超音波檢查 弓漿蟲（toxoplasma）抗體 基礎體溫	內診 超音波檢查	內診 骨盤外計測 超音波檢查 骨盤X光攝影（10個月） 胎兒胎盤機能檢查

在超音波斷層掃描器上看到的畫面

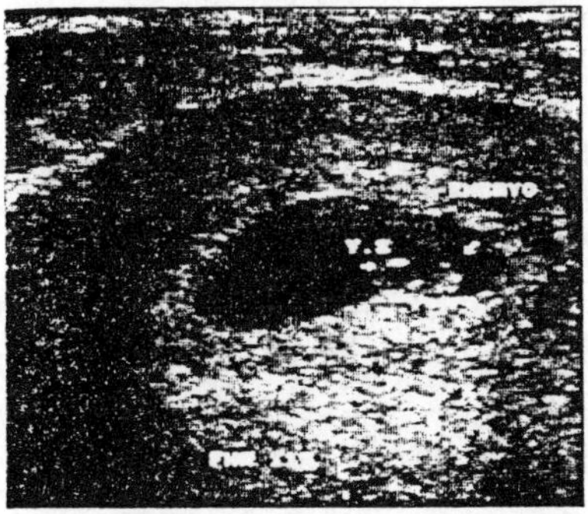

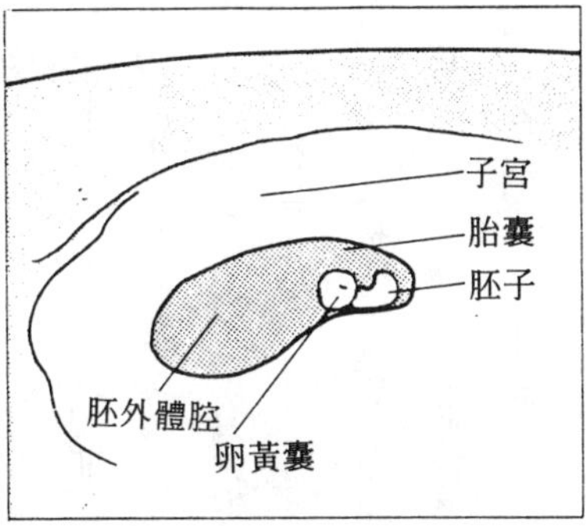

6週2日　CRL（頭臂長）5㎜　心拍數：119／1分鐘

受精後第30天。位於孕婦子宮內腔，被胎囊壁包裹的胚外體腔內，包覆著羊膜的胚胎隨著心跳脈動出現。這個影像還很難分辨頭部和身體。旁邊是蛋黃囊。

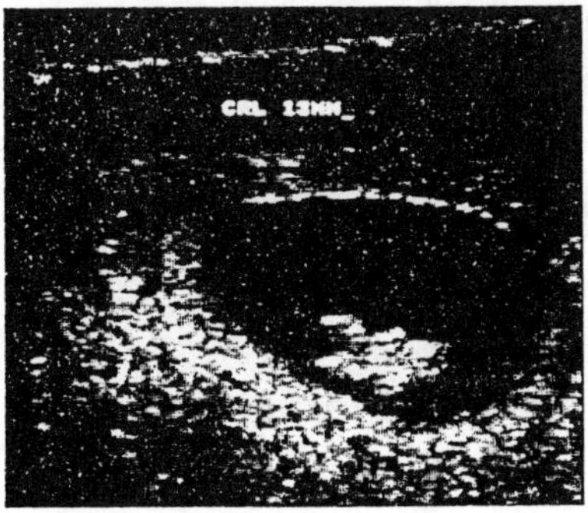

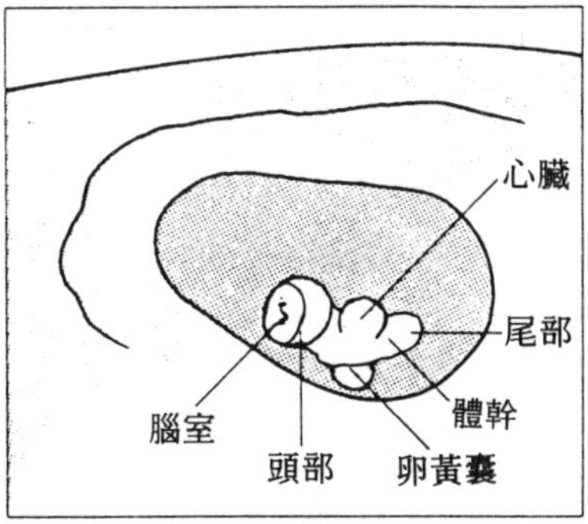

7週4日　CRL（頭臂長）13㎜

受精後第39天。清楚看到頭部的腦室、胸部、心臟、尾部等等。偶爾動一下，但是只是某部分的簡單動作。

☆妊娠初期的異常現象

在妊娠初期（四週～一二週）發生的異常現象很多，主要有流產、迫切性流產、死胎、胞狀畸胎、子宮外孕、胎芽病、胎兒病等。上列疾病的導因，包括有來自母體、胎兒及兩者的情況。

其中胞狀畸胎、子宮外孕會有不正常的出血、下腹疼痛、腰痛、發熱等症狀，需加注意。

胞狀畸胎有時會發生大出血，有時更會變成絨毛皮的癌症。藉由檢查尿中的荷爾蒙及超音波檢查，可早期發現。

子宮外孕發現太慢時，會發生大量的內出血，而引起休克、產婦死亡的不幸事件。所以也屬於早期發現早期治療的毛病，在懷疑是子宮外孕時，務請依照醫生的指示，經常接受檢查。

在發生導因於母體的迫切性流產時，需要適當的治療。除了要檢查孕婦有沒有患子宮肌瘤的疾病或母子間血液是否不適等，還必須確定是不是因為日常生活的不正常或工作不適當所造成的。

導因於胎兒側，因染色體異常而引起流產、迫切性流產、死胎、胎芽病、胎兒病等時，治療的效果不佳，多半無法順利生產。

☆妊娠初期引起不正常出血的原因

當成熟女性看到不正常出血時，會想到是不是懷孕了。而孕婦看到不正常出血時，會擔心害怕是不是流產了。兩者都是很正確的想法。總而言之，適合妊娠的女性者發生月經以外的出血時，都不應置之不理。而在月經結束之後，發生出血現象，應該儘早到婦產科內診。

但是，在正常月經完後的第三～四天（受精十七天），也會發生沒有腹痛的微量出血。這是由於胎盤四周的血管破裂而導致的出血，只須數天就會自然停止。

甚至在妊娠五～六週，也常會發現類似的出血現象，有些人會擔心是不是流產，也有人想成是最終月經。在此種情況下，是無需擔心的。

然而若有不正常的出血，就應該不斷地去找專門醫生商量。據說在妊娠初期會引起不正常出血的疾病，流產九四％、胞狀畸胎〇·八％、子宮外孕五％。

其中，流產就有很多種，下面就來談談吧！

迫切性流產，症狀是輕微的下腹疼痛及少量的出血，完全妊娠的機率是一五％。而且，一半還會發生流產（五十％以上是因染色體異常）、一半會恢復成一般的妊娠。

進行性流產，症狀是正在流產時，會發生出血與下腹疼痛，同時胎兒與絨毛會從子宮外流。

不完全流產，是指流產後，但還有部分留在腹中，在全部排出之前，會持續出血。

完全流產是指絨毛與胎兒全部排出的情形。

習慣性流產是指迄今持續發生二次以上流產的情形，應該仔細檢查其原因。

滯留流產是指，胎兒已經死亡，但沒有出血等之流產徵候，而且在這種情況下持續六星期以上的情形。

胎兒的死亡，可以利用超音波檢查而快速獲知。但必須謹慎加以確認。這是因為胎兒的心跳並不是一直都看得到的。而且因妊娠週數而異，即使在初次的檢查沒有發現心跳，仍應間隔一星期再行檢查二～三次。同時，為了預防感染，應該留心日常生活，尤其是不要發生性行為。

而在獲知「胎兒大概已死」的消息時，一般人都會悲傷落淚。在這個時期，只要不發生感染症，母體就沒有危險，其中有些人會說：「這是好不容易在我的腹中所形成的生命，所以到出血之前，他想待在那裡，就讓他待吧！」讓人深感母性愛的溫暖體貼。

相反地，也有些人在獲知胎兒死亡後，深怕會對自己造成傷害，而把它當做嫌惡的東西，提出希望儘早把它處理掉，甚至對胎兒落一滴眼淚也沒有的人，實在令人無法苟同。

感染性流產是指，胎兒與絨毛發生感染而流產或在流產中途而發生感染，會有發燒與疼痛的現象。必須仔細接受治療。

此外，流產的情形也因妊娠時期而不同的居多。

在妊娠最初的五～七週，胚子已死亡而僅剩下胎囊的情形也有七～八％。不會發生出血和疼痛的症狀。這種情況稱為枯死卵。而且，在這個時期，胚子即使有心跳，但在一～二週後，心跳會消失，而變成滯留流產的情形也不少。

但在妊娠八週以後，這種情形會減少，之後會安全的渡過懷孕期居多。因此，縱然發生出血而診斷為迫切性流產時也不要斷然放棄，而應該要好好地治療。

在懷孕八週左右以前所發生的流產，以完全流產居多，但在妊娠九週以後發生的流產則以不完全流產居多。

在妊娠中，還會發生與流產、早產全然無關的性器出血現象。發生在性行為之後為其特徵。這是因位於子宮入口的子宮頸發炎或息肉所造成的，經治療後無大礙。

☆胞狀畸胎

俗稱「葡萄胎」。大多是具有ＸＸ性染色體的受精卵外側的絨毛組織異常增殖，而使從米粒到大豆般大小的白袋，呈葡萄狀發生在子宮內。與其稱為胎兒，不如說是「絨毛性腫瘍」之一。

此時最重要的是儘快動手術，將之取出子宮外。胞狀畸胎之一的「絨毛上皮腫」，會造成胎盤癌，倘若置之不理，不僅子宮、膣腔、骨盤，還會轉移到腦、肺、肝臟等全身。胞狀畸胎在手術後，大多會再復發，所以要定期接受檢查，以期早發現早治療。

其發生原因據說是因染色體異常所引起的。而且發生一次後，在下一次的妊娠時就不會再發生了。

☆子宮外孕

一般而言，受精卵著床發育成長的場所是在子宮腔的內側。但其中因種種原因，也可能會著床於卵巢、輸卵管、腹膜等地。統稱為子宮外孕。其中以輸卵管妊娠最常見。

症狀是，月經結束後，持續輕微的違和感之後，發生性器出血現象，隨後引起幾次突發性的下腹疼痛。當腹腔中的出血增加時會引起貧血、休克，甚至造成死亡。

著床在子宮腔以外場所的受精卵能否繼續發育成長，因著床地點而異，但以流產收場占多數。

在輸卵管峽部外孕會引起最激烈的內出血，這是因輸卵管破裂而在短時間內造成大出血。

最近，超音波檢查因診斷所需而活躍起來。

子宮外孕發生部位

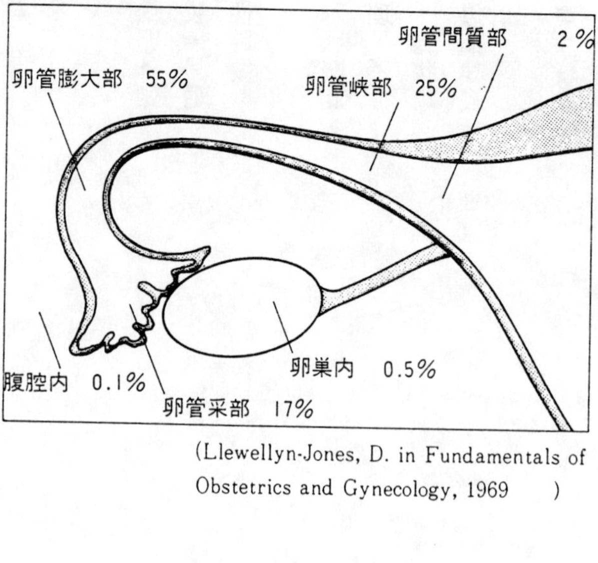

(Llewellyn-Jones, D. in Fundamentals of Obstetrics and Gynecology, 1969)

☆多胎妊娠

最近在不孕症的治療過程中，經常會發現多胎妊娠。一般的妊娠大多是生下一個嬰兒，但有時也會生出雙胞胎、三胞胎。雙胞胎的比例為每一百人一次，三胞胎是每二萬人一次，但三胞胎以上的多胎，是人工造成的原因，所以詳細情形不得而知。

多胞胎可用超音波檢查出來。大部分在妊娠初期就可以知道，但有時也有難以發現的例子。而到妊娠八～九週時，幾乎可以百分之百的確定。

多胎的發生頻率相當高，在妊娠五～六週時，可看到二個、三個或四個胎囊的，不在少數。但個數越多越會造成未發育而流產的例子，此外，在發育途中個數減少的例子也不少。因不完全的受精卵死亡而到最後生出一個嬰兒的案例相當多。

最近，以節育為目的，而有在妊娠早期使用超音波檢查，

▲藥　害

在妊娠初期禁止使用的藥物及需控量使用的藥物包括有抗癌劑、鏈黴素、氯黴素、四環素、硫胺劑、碘化物、口服糖尿病治療藥，及一部分的性荷爾蒙劑、止血劑、抗凝固劑、抗痛風劑、降血壓劑、抗原蟲劑、抗癲癇劑、精神神經用藥、抗組氨劑、鎮痛消炎劑、抗甲狀腺劑等。

在妊娠期間亂服成藥，隨時會生下畸形兒，如酞胺派啶酮畸形兒。

但是，妊娠期間必須服用藥物時，請遵照醫生的指示服用。

使多胎減為單胎的報告提出。這個報告或許對多胎所造成的母子雙方的困難問題，或是有宿疾的高危險性孕婦，具有某種程度的意義，但此種技術在施行上，問題叢生。

特別是利用誘發排卵來治療不孕症或在人工受精的過程發生問題，則屬於醫療性的問題，而渴望完成不發生多胎的技術。

多胎妊娠在妊娠早期容易引起流產（單胎的七～十倍），自然減數導致的迫切性流產，所以經常會發現出血現象。

在妊娠中期，潛在性的貧血變多，而隱藏著高度的危險性，所以必須經常檢查與診察。在妊娠中期以後，會有羊水過多的傾向發生（十％），到妊娠三十週以後，早產的傾向加強，且容易發生妊娠毒血症。

因此，在妊娠六、七週後，生活儘量求安靜、避免過度勞累，少出外旅行及上下階梯，更應禁止性行為。而且要提早住院，即使長期住院而發悶也要忍耐。而預防生出未熟兒的關鍵是在胎內培育胎兒，那怕只多待一天。

最近，由於產科醫學的進步及孕婦的配合，已經很少發生早產、未熟兒、妊娠毒血症等嚴重的併發症，同時治療後的病況不差。

☆受精卵的命運

並非所有的受精卵都能變成胎兒。而是只有三一％左右的受精卵能存活到妊娠末期。

受精卵在著床之前，早就有五十％會死去。這種情形在製造卵子與精子的複雜過程中，因發生染色體的異常所引起的最多，而導致造成異常的受精卵。

即使沒有此種異常，但也有因受精卵所處環境的影響而停止細胞分裂而死亡。在著床之前死亡的情形，會像月經來潮般發生出血現象，所以會為女性所忽略。

受精卵著床後，漸成長為胚子、胎兒，但從這個階段到出生以前，據說約有十九％會喪失生命。此乃因染色體異常等先天性個體胎兒的疾病，但大部分是因母體的環境或母體感染疾

▲孕婦患慢性酒精中毒導致胎兒的異常

胎兒酒精症候群的主要原因是孕婦在懷孕期間飲酒而導致胎兒出現的異常。此病約從十年前就開始受到注目。其種類如下：

⑴ＩＵＧＲ（子宮內胎兒發育延緩）不足重嬰兒。
⑵出生後發育不良。
⑶畸形。
⑷智能障礙。
⑸運動機能障礙。
⑹死產比例增加。

因為酒精分子很容易通過胎盤，所以當孕婦酒醉時，腹中的胎兒也會醉。

多少的酒精量會對胎兒造成影響尚不清楚，但在胎兒器官形成的妊娠初期，尤應控制較好。此外，想要寶寶的人，應從懷孕前就開始禁止飲酒。

病而發生胎芽病、胎兒病，引起流產、死產或早產所致。

這個主題談到新生命在受精前，卵子和精子的形成時期，即夫婦本身的環境、生活是多麼的重要以及受精卵的脆弱和維持新生命的艱難。

☆分娩準備

分娩的場所隨著時代的演進和社會的變遷而有所改變。從前，每當家族要增加成員時，都是在產房（自己家裡），由家人的幫助進行分娩。

但現代人大多是在醫院生產，由於產科醫學的進步，設備的齊全，使得分娩的危險性相對地降低。

因此，形成往大醫院、專門醫院集中的傾向。但是，在這種浪潮下，因為醫療方面的管理不恰適，所以引發各種問題，而且，在不能體會妊娠分娩的本質而僅以單純的醫療對象來管理的態度下，也逐漸激起產婦的反感。最近流行的拉馬茲無痛分娩法、自然分娩導向亦是其中之一。

現今，面臨妊娠分娠的女性，不知應選擇那家醫院與那個醫生，實不為過。

一般而言，「最好是距離住家較近且名聲好的醫生」是其共同的標準。公立綜合大醫院、婦幼醫院、個人小型產科診所、助產士都各具特徵，各有長短。

究竟那家醫院較好、較適合自己呢?請在選擇前仔細考慮看看。

這並不只是單獨從這家醫院是否是採用拉馬茲無痛分娩法的問題而已。此時最重要的問題乃是妊娠、分娩的安全性。

但是，在這之前必須思考的重大事情是，醫院如何來處理延續生命的妊娠、分娩。

在當今的社會上，無論是那種醫療設備，其確保安全所需的醫療內容並無多大差別。而無論是大醫院或是專門醫院或是小型個人診所也都時時刻刻在自我充實。所以，規模雖有大小之分，但基本上的醫療內容相差不大。

最近，隨著患者志向，生產被時髦化，同時標榜新而大的近代化設備、病房如同旅館般豪華、醫療護理人員相當親切，無微不至的服務品質、撇開基本的問題不談，而以便利性和舒適性作為賣點，吸引孕婦之處日趨增加。

但，這些奢侈的地方，只是為大都市中的極少數經濟寬欲的富人所建造的，而對占國民多數的一般年輕夫婦而言，像這樣的地方，不是他們經濟能力所能及的。他們當然也在追求減輕分娩時的痛苦，但物質與設備比心理更為重要。醫院並不是只關心妊娠、分娩這一時期的問題，同時也希望是新生命的產生，及與此新生命相依為命的親子的出發點。

所謂真正的親切，是指那種打從心底來處理孕婦迫切的須求。而不是像百貨公司售物的親切，更不是站在商業基礎上，販賣醫療技術與知識的親切。

醫院除了必須具備有上述的基本想法外，對於生產的痛苦及生產前後所發生的各種事件，要不分晝夜地採取適當的因應措施。而為減輕產婦的負擔，更要費神。

因此，是應選擇追求時髦化之舒適性與便利性，抑或是選擇適合延續生命的地方?全憑各位的想法。

首先，各位要完全去理解妊娠、分娩，則自然就會知道。而且，必須與醫生建立良好密切的關係。那麼有任何問題就可找醫生商量。建立彼此間永久的友誼。而不要每生產一次就換一個醫生，這是人生的悲哀。

☆歸鄉分娩

分娩、育兒的開始，對年輕夫妻而言，在身心方面都是個大負擔。在社會的近代化之中，沒有改變的仍是延續生命，繼承煙火。有些離鄉赴都市工作的年輕人，屆臨產期時則返回娘家分娩，這種情形就叫做歸鄉分娩。但有很多的問題存在。

從妊娠到分娩的這段期間，最好是由一位醫生負責檢查的工作。倘若要歸鄉分娩時，使兩地的醫生能夠密切聯繫是很重要的。同時自己也要和醫生們建立良好的人際關係。

被醫生認為你是來買他的知識和技術的客人最不好。各位如果非要歸鄉分娩時，應該事先告知醫生，徵求意見。

其次是回鄉的旅行，少說是第二次回娘家，先生務必同行，而且搭乘交通工具的時間應盡量縮短。回鄉後，對妊娠期間看護的醫生應準備禮物聊表心意。

而對擔負分娩的醫生，也請故鄉的母親先行照會。倘若此次為你接生的醫生，也是當年為你母親接生的大夫，對醫生而言，這種二代接生緣可說是最高的喜悅……。

☆歸鄉時期

通常最好是在妊娠末期的第三五～三六週返鄉。因為此時不會給娘家帶來太多的麻煩，而在決定返鄉時，應先徵求妊娠期間檢查醫生的意見。若完全沒有異常，經醫生的許可，在分娩前一個月歸鄉即可。雖然檢查沒有異常，也不要在分娩前二、三個月就返回娘家。除了要顧及夫妻的生活外，對胎兒也不好。

倘若住處與娘家的距離只需二、三小時的車程，那麽也可以在預產期的前一週回去就ＯＫ了。

也有些人不聽醫生的勸告：「你似乎就快要生產了。」而堅持回鄉，結果就發生在交通工具上生產的事情。

總之，歸鄉的時期應該要仔細和醫生商量。

☆產後出院

產後母體最大的負擔問題是頭一個月因為授乳所引起的睡眠不足。不分晝夜每睡二～三小時就得中斷睡眠的生活，若持續了三～四週，大多數的產婦均會因疲勞與睡眠不足而精神恍惚。

在這段時期，若是回娘家做月子，即使有了母親的幫助，但老人家也和產婦一起不分日夜地照顧嬰兒，終會因疲勞和睡眠不足而熟睡不起的情形發生。

授乳時，母乳是最好的，所以產婦自己就得日夜起床授乳。

為了解決這個問題，有一提案不妨試試。

孕婦在白天授乳後，擠出寶寶未吸完的母乳裝在清潔的奶瓶裡，放入冷藏庫中，晚上寶寶要吃奶時，由祖母起來餵食，如此，產婦就可以連續睡上五～六小時。而祖母也可以在白天好好睡覺。由二人輪流照顧，不會同時把二人弄得疲憊不堪。

待一個月過後，嬰兒晚上可連續睡上四、五小時，此時產婦自己就照顧得來，而不需要麻煩祖母了。

因此，就可以回自己的家了。

當然，這段時間孕婦的身體已經恢復。無論是子宮的狀態或是產道的狀態或是膣腔入口的裂傷均已癒合而恢復原狀。

出血現象在產後一星期就會停止，而只會排出稀薄的惡露。但是，要恢復到妊娠前的狀態，還需幾個星期。其間，時而會有紅色的排出物，或出血現象。

從娘家回到自己家裡，以產後四～六週最為適當。

第三章

新的妊娠宣言

8～11週妊娠初期的胎教

嬰兒在嚴格的考驗中，以其耐力和驚人的速度，製造身體，活躍在母體內。讓我們充滿自信地，發表妊娠宣言——為造就環境而努力。

8～11週（第3個月）的胎教

發表妊娠宣言，整治環境

◆胎兒的形狀　在這個時期受精卵會從胚子變成胎兒。由胎囊部分有毛的部分形成胎盤。而且，在十二週左右，胎盤會完成，而製出各種荷爾蒙，更由母體的血液中，充分攝取入營養分及氧，而胎兒所排出的廢物則藉由母體來排泄。這個通道就是臍帶。

這個時期用超音波來觀察胎兒，從頭到尾部的總長，在八週初約為十四㎜，而到十一週末期已成長到四十五㎜左右。

身長二十㎜的八週大的胎兒，頭、胸部及腹部的外形已清楚可見。而手腳才剛開始形成，尚未完成。在中樞神經系統方面，首先是背骨中的脊髓神經的機能分化成熟期。而身體的肌肉及脊髓的末梢神經、突觸等，已長成二十㎜以上。

但，在九週末期，胎兒已長到二六～二八㎜左右，全身的

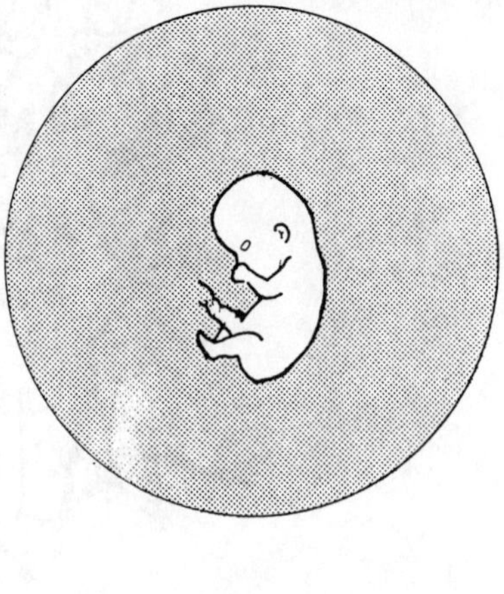

器官均在形成。像頭部、顏面、頸部、胸部、腹部、臀部、手腳、指頭以及內臟或運動所需的肌肉，王要的骨格、關節等均已形成，同時中樞神經系統方面，脊髓上的延髓已開始作用了。此時全身的器官完全形成。已儼然是具備人形的胎兒了。

到十週時，面貌更為清楚，而到十一週末期時，逐漸可見到胸部、腹部內部的臟器。同時，身體的臟器已經開始在運作了。

在八～十一週時，用超音波檢查，可清楚看到胎兒的全身，也是妊娠期間，胎兒動作最為旺盛而容易觀察的時期，並可獲知胎兒全身的發育及運作漸趨發達。

下面就來談談它那美好的樣子吧！在八週初期時，頭與身體連著頸部而能前後左右地彎曲伸長，而在八週中期，雖然手腳尚未完成，但手已能動，八週末期時，腳就會動了，同時頭和身體也會一起動作。從此以後，母親的一舉一動，均會使腹中的壓力發生變化而引起胎兒的動作。

這種情形，從第九週起更為明顯，而被應用在診斷胎兒的健康情形上。妊娠期間胎兒最會動的時期是，第九週～第十週。

特別是在第九週，動作的樣子已經到了全身牽動的地步。手腳會彎曲伸直，頭部會上舉、橫向、後向，全身像蝦子般卷曲著，會縮會跳，其動作時而緩慢，時而迅速，狀似忙碌。不得不令人對這個會動的東西既佩服又驚訝。

此時，胎兒身體中的動作是與延髓的中樞神經相連結，形成人類原始運動反射運作的基礎。

觀其形成方法，則知胎兒會動是因有神經反射、身體活動的部分，而由所形成的神經反射與身體的結構在動。而且在產生新的運作之前，會形成下一階段的神經反射與身體。此種現象，時時刻刻地在連續反覆著，而使複雜的中樞神經系統與身體結構逐漸發達。

到了妊娠十週時，已經可以看到手指會動、會握，將手伸長可達頭部、屁股或股間，腳會踢。更可突然改變身體方向、姿勢也可自由變換。從此期到第十一週，腳會開始交相屈伸，同時會往前踢出，手腳同時運作而步行在羊水腔之中。

而且，顏面在妊娠十週時已經形成，用超音波模糊可見。此外，下顎已會動、口會張開、閉合，更開始有飲入羊毛的動作。真是令人稱奇。胸部也因呼吸運動而開始收縮。像這樣，嬰兒誕生之後，維持生命所需的各種動作的練習，已在腹中開始進行了。

妊娠十一週末期的胎兒，會因某種拍子而使頭部夾入羊水腔凹入的狹窄部分。因此使得頭部無法自由的活動及穿行。

胎兒動起來了。首先，從收縮胸部吸氣的動作開始。接著用力踢腳，把頭帶到稍微寬敞的地方。並且不斷地反覆相同的動作。但每次都遇到阻礙。不久，會使用手腳而想把頭從那個狹小的空間拔出，而往相反的方向動起來。做著拔出頭部的動作。而且不斷嘗試著把屁股舉起，把腳叉開用力踏並且巧妙地移動手。而因怎麼動都不得要領，所以，最後會想轉動頭顱而橫向拔出。不達目的不死心。

這些追求活動自由的動作，對一個十一週大的胎兒來說，動力何處來？對一個只具有非常單純的運動反射的胎兒，進行這種配合目的行動的運動，我們除了驚嘆外還是驚嘆。

此時，孕婦也好不容易適應害喜的狀況，稍微鬆了口氣。另一方面，對胎兒令人稱讚的樣子，為了完成被賦與的生命，而一刻也不停止發育，努力活動的小生命，為人父母的，瞭解多少？

☆小小心臟在呼喚著媽媽

由於「胎兒醫學」的進步，使用超音波，從孕婦的肚子上面，映出胎兒的裝置，開始受到產科的利用。正式稱為超音波斷層裝置，使用此種裝置，母親可以在無法清楚認識胎兒的時期，以超音波掃描畫面觀看胎兒的動態。

最令孕婦感動的場面是，在妊娠六週左右，利用超音波反映出胎兒小小的心臟在跳動的時刻。看了生命之源的心臟在只有一～二㎜大小的胎兒之中，持續不斷地微微拍動，做母親的喜悅，一下子全部都湧上來了。而在這之前，不曾有做母親感覺的人，也會湧現母愛。

舉例言之，F小姐在得知懷孕後，哭著說：「無論如何我都不想要這個孩子。」她所持的理由是，結婚以後也想暫時過著自由自在的生活以及想去歐洲渡蜜月，這下全都落空了。

此時胎兒已經妊娠十週，所以醫生聽了F小姐的話之後，就用超音波把F小姐腹中的胎兒的形狀映現出來。當胎兒的人形和胸部的心跳、身體及手腳活動的樣子呈現出來後，瞬時，F小姐無法相信的臉，一動也不動地看著胎兒的映像問：

「這是什麽？」

「你的寶寶啊，已經成人形了呀！」

「才這麽大就會動……是有生命的呀！……」

說著，眼淚不停地流下來。

「你還好吧，還想不想不要小孩子呢？……」醫生說著。

此時，F小姐猛力搖頭「對不起，我是個壞媽媽啊！」手按在肚子上，向胎兒道歉。

隔週，F小姐高高興興地攜未婚夫同來。「我們決定不去

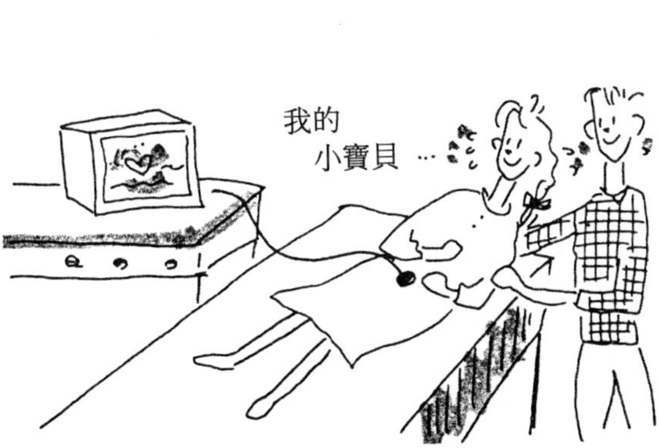

旅行了。要等到嬰兒長大後，三個人一起去。」堅決地說完後，很幸福地與未婚夫一起看著胎兒活動的樣子。在二人結婚後，夫婦二人時時前來檢查，就好像是將胎兒抱在胸前一般，互打招呼。有時，甚至連先生都會感動得含著淚。

在觀看掃描畫面中，夫妻之間對胎兒的愛情湧現出來，不正是從胎內開始育兒。像F小姐，最初不想做母親，且曾經想要墮胎的情形，在看見胎兒小小心臟跳動時，喚醒被埋藏的母性愛，且對胎兒的愛，源源不斷地加深。為檢視孕婦和胎兒健康的超音波斷層裝置，對未成熟的母親的心理治療也有幫助。

最近，以無意中妊娠，或不想要胎兒為原由，希望進行人工墮胎的女性有趨增之勢。

但，從生命的尊重、母親精神上、內體上的安定來想，仍須避免。

不只是F小姐，甚至是因「不想要」想墮胎而困惑的母親，每個人的內心深處……由被傳來的遺傳因子所傳給的心都具有母性愛的基因。不過，只是睡著罷了。倘若能加以喚醒就好了。

超音波斷層裝置，在可以將胎內胎兒的情形，訴之於視覺之點上，可說是搖醒沈睡的母性愛最佳的方法。

☆發表妊娠宣言，造就環境

在懷孕期間，孕婦不只是要獲得先生和家人的幫助，同時有工作的女性也要讓同事們知道自己懷孕的事情，以求周遭的諒解。而在克服害喜，心情轉佳時，也不可以過度勞累。諸如連續加班、上下樓梯、搬運重物均應避免。

此外，寒冷對妊娠而言是大敵，所以在夏天時，在家或是在公司，應當注意不要直接對著冷氣的風口。而且，當冷氣過強時，不要忘記要圍條毯子或穿襪子來保護自己。

冬季外出之際，要穿著具有保溫性的內衣或長褲、保暖的孕婦裝等，以防止著涼。

最近，針對妊娠的女性而允許時差上班、住院假，害喜假

▲妊娠中的公司環境

女性在懷孕後繼續工作，有很多事情必須要注意。諸如不搬重物、注意著涼等。

尤其需注意的是，從事管理化學藥品的人、要在換氣不良的狀態下工作的人、需站立工作的人。對胎兒會造成不良影響，所以，視情況而定，有請求變換工作必要。

等特例的公司越來越多。為了產下健康的寶寶請善加利用此種特例。

但是，與同事間細商工作的分配，彼此利用合理的方法互相照顧也是必需是。像這種多方注意，建立同事間良好的人際關係，而在妊娠期間也能心情愉快地工作，具有正面的影響。

☆獲得共識

女性在妊娠期間，且生產後是否仍繼續工作，需夫妻倆對今後的生育計畫仔細商量之後，加以決定。

但是，妊娠期間仍繼續工作，孕婦在精神上、內體上的負擔將會增加，終究不好。而且胎兒比任何人都更需要母親，所以即使母親的心、體力全部精神都使用在胎兒上，仍嫌不夠。因此，一定要將特別的體貼留給腹中的胎兒。

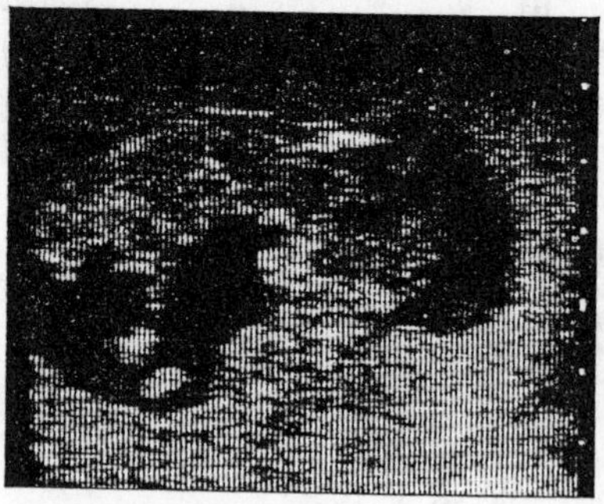

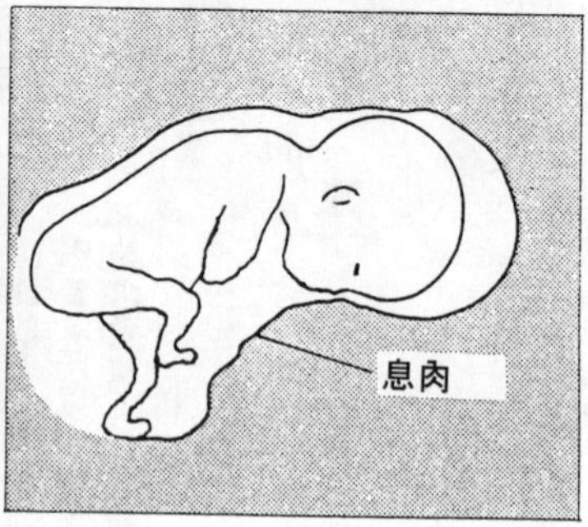

11週4日　息肉障礙

這張照片中，頭部上下被夾住，無法在子宮內自由移動。所以可以看到手腳靈活移動、或踢或拉地務必使頭部能自由活動的行動。

超音波斷層掃描畫像

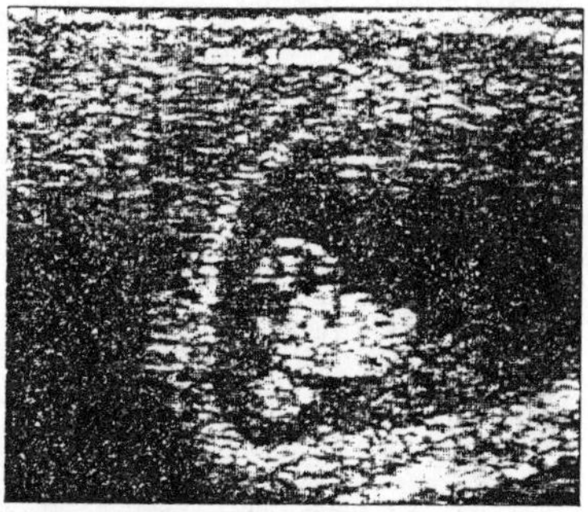

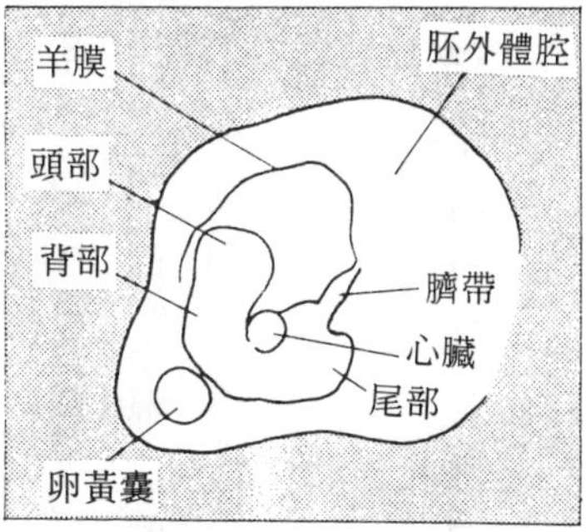

8週2日　CRL（頭臂長）16㎜

看得到羊水腔和羊膜，除了看到身體的各個部分的動作外，也能看到往後方縮的清楚動作。

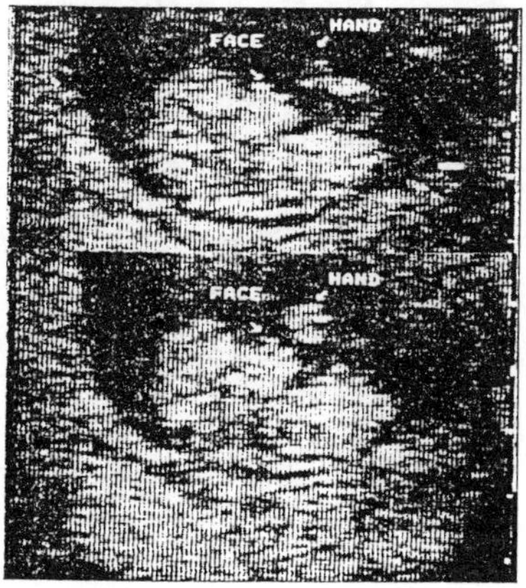

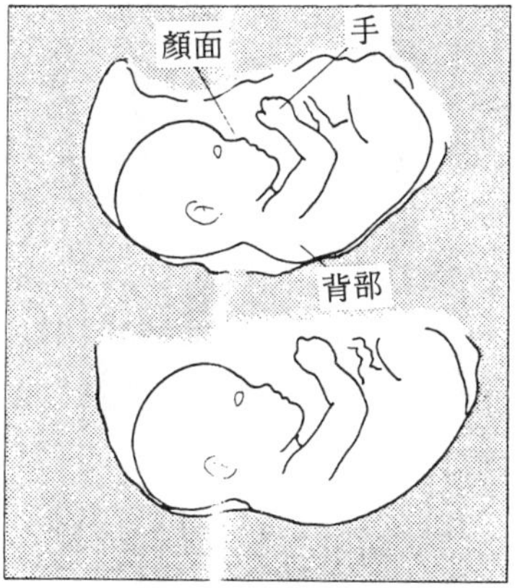

10週6日　手會一開一握

受精後第61天。手會一開一握，手會移向身體各部位，腳也會用力蹬。手接嘴巴，還可以看到開口動作。

一般而言，女性在妊娠中及產後一年內，最好能夠不要工作。

因為腹中的胎兒，三十年後就是國家的棟樑，所以，據說日本對妊娠、育兒中的母親保證有薪休假，但事實上，現今的日本，每當孕婦向公司提出這種要求時，每每不得要領。

生產後仍繼續工作的女性，被要求與男性並肩工作。為了克服那種環境，身為母親的女性必須有耐力和信心，而且務必要獲得先生和家人的協助。所以一定要和先生與家人，好好溝通，以期能在生活中獲得支持。

而且，要判斷是否要繼續工作。因為若不從現在預先思考生產後也能安心工作的環境，那麼即使在妊娠中堅持工作，但在生產後，或許會因工作不適而辭掉。所以，為了不造成嬰兒與母親的痛苦，應該仔細想想。

☆流產——胎兒也是決定流產的關鍵

據說在妊娠初期流產的比例是十比一，對女性而言，流產並不是值得回憶的經驗。

特別是在妊娠九週左右前所引起的流產，大多數是因為受精卵本身有疾病或其他的缺陷，而不再具有繼續發育成長的能力。在這種情形下，受精卵在無法生存的命運下，只得依循自然法則而別無他法。

在母體內進行此種自然淘汰的事情的機率，遠比起理論上所預想的發生率更少。

由於現代醫學驚人的進步，已經可能把孕婦或胎兒從多數不幸的事故中解救出來。即使是我們能力所不及的問題尚存在很多。

妊娠初期引起的流產，導因於胎兒而不是孕婦時，就不要太在意去保住胎兒的生命。

因此，有時我們也應該尊重胎兒「自願生下來」的自然原理。

然而，流產導因於孕婦而非胎兒時，有習慣性流產的女性或在上一次流產時，就應該再一次進行健康檢查，查出原因所在，以期能夠放心迎接下一次的妊娠。

可是，身為母親的人如何自覺呢？

準媽媽們，你們已經開始適應妊娠這種新狀況了吧！對胎兒來說，歷經一番嚴格的考驗，迎向妊娠第十週，但，這個時候，也應該正式開始做好為人母的心理準備。首先，可以到母親講習班等地方去學習如何作為母親。

而在學習何謂妊娠、生產、妊娠中的生活、生產後的育兒中，作為母親的意識也會逐漸昇高吧！

在妊娠第三個月，還無法感覺到胎兒在腹中的直接訊息（像胎動等），所以我們都會漠視它的存在。但是，當獲知先前所述的胎兒的行動後，為人父母者都會有開始育兒的感覺。

☆溫柔體貼的心是胎兒健康的支柱

腹中胎兒最大的願望是希望母親能夠做好生產的準備。養

▲**母親講習班**

母親講習班是在學習妊娠與生產的結構，接受妊娠中生活的各種忠告、及生產後嬰兒的教育方法。

一般係醫生、助產士及營養師分別依不同的主題，輪流進行講習。醫院及保健所均設有母親講習班。尤其是，還有針對白天有工作的婦女，而在晚上開班講習的，有興趣的人，不妨到保健所詢問看看。

為了能夠積極迎接妊娠、做好生產的心理準備，請務必參加母親講習班。同時，父親也儘可能一起參加，而期能預先知道妊娠、生產對女性的重要性。

育這個小生命的不是只有食物。母親溫柔體貼的心也是胎兒重要的食糧。甚至母親的精神狀態都對胎兒有影響。舉例言之，像夫妻兩人經常吵架均有影響。

孕婦在激動時，胃液分泌會不好，腸子也不能充分作用，當然食物就會消化不良，而會造成營養無法吸收而直接排泄的情形。

如此一來，也不能為腹中的胎兒輸送營養豐富的血液。結果會對胎兒的成長造成不良的影響。

總之，在妊娠初期，心情都會變得焦躁些。但是，若想要有個健康活潑的寶寶，即使對先生及周遭的人物有所不滿，也要笑臉以對，不要輕易動怒。

例如，孕婦一切的心緒，荷爾蒙會加以傳達，所以只是在緊張狀態下，就會影響到胎兒。

為了使胎兒有豐富的營養和愉快的心情，希望孕婦也能保持愉快溫柔的心情。

因此最佳的胎教就是，滿心喜悅的過生活。

☆懷孕不飲酒

在生活緊張的壓力下，女性也會訴求於酒精。的確，在喝酒的時候，或許會使心情放鬆，同時具有解除緊張的效用。因此就會認為「酒為百藥之長」。

▲胎盤與臍帶

受精卵在子宮內著床後，包圍胚子的部分絨毛組織會被帶入子宮內膜，經增殖而形成胎盤。胎盤中連著與胎兒聯絡的臍帶，成為母體與胎兒連繫的地方。其還會分泌各種荷爾蒙，維持妊娠，同時調和授乳的準備，並促進胎兒的成長發育。

胎盤中，有母體側的子宮動脈、靜脈，以及胎兒側的臍動脈二根、臍靜脈一根。以胎盤為媒介，利用血液把氧與營養素由母體送給胎兒，而將胎兒不要的碳酸氣與廢物藉由母體來排泄。

此外，胎盤尚具有預防由母體所送達的有害物質進入胎兒內的過濾功能。

胎盤的功能和構造

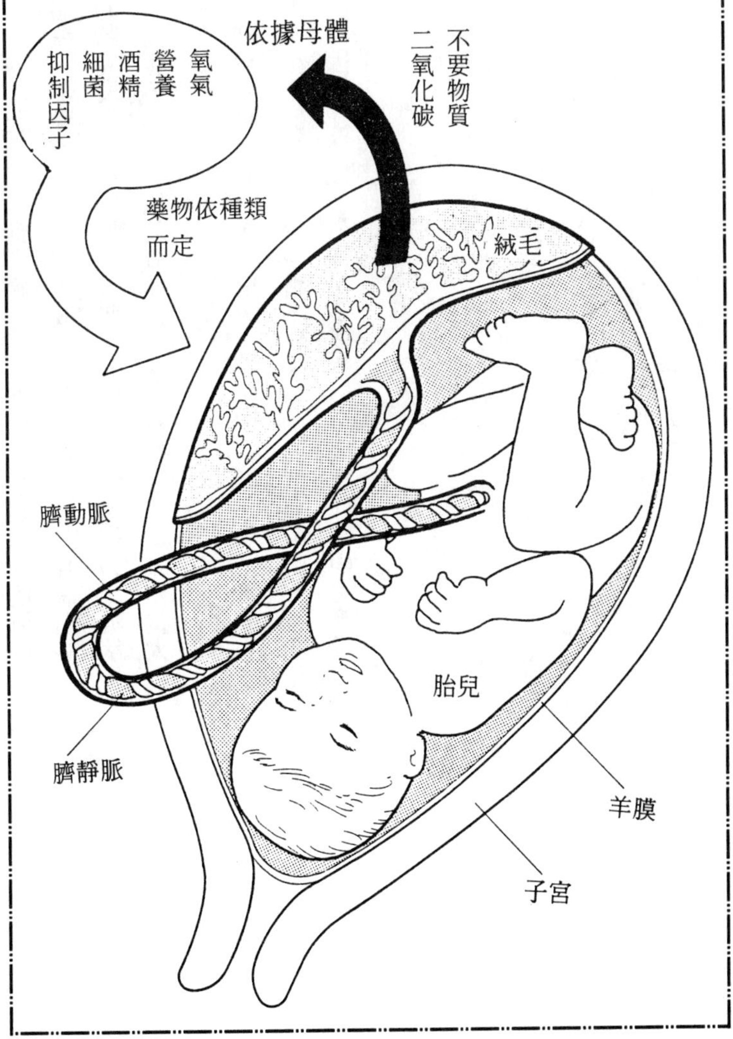

但是，對胎兒則又另當別論。妊娠期間，孕婦體內的酒精會透過胎盤，不斷流入胎兒的血液中。對正在製造對身體與中樞神經的胎兒沒有好處。加上，胎兒的肝臟機能還很弱，分解酒精的能力也不夠，所以就會酩酊大醉。會對腦部造成相當大的影響。

孕婦酗酒多會造成流產、早產、死產、畸形、嬰兒體重不足等，而且生下的小孩，會發育不良、運動機能有障礙、智商低的居多。因此在妊娠前最好是不要飲酒，而在妊娠中更應禁止喝酒。

第四章
身心舒暢的生活
——支配成長

12～27週（妊娠中期）的胎教

　　當胎盤完成時，母親和胎兒可說是一心同體。而母親身心舒暢的生活，就是胎教的基本。

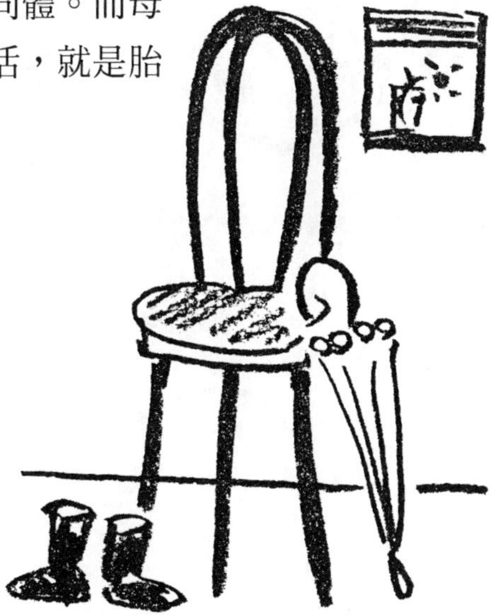

☆妊娠中期的特徵

妊娠初期是變化激烈的時期。受精、著床、分化形成、和母體結合、有流產的危險，每樣事對胎兒都是重要的考驗。對母親而言，亦是接受新生命、克服害喜之期。

到了妊娠中期時，已進入安定時期，此時母體內的新生命開始成長。胎兒的發育，較之以前更為迅速。在妊娠十二週初就有三十g的體重，而到第二七週時，就超過了一千g了。本時期，發生流產等事故亦較少，是極為安定的時期。

12～15週（第4個月）的胎教

母子強烈結合一起

◆**胎兒的外形**　在妊娠四個月時，胎兒身長已有五～十二公分，體重達三十～一百克左右。

內臟方面幾乎已完成，消化器官、泌尿系統已經開始作用，同時會排尿，以往製造血液是在肝臟，現已變成脾臟。

在中樞神經方面，大腦被覆間腦，產生免疫物質。顏面已完全形成，上顎也完成，是製造牙齒根基的時期。

像這樣支撐發育胎兒的系統，在胎盤完全後，透過臍帶，利用血液流動把妊婦和胎兒緊緊地聯繫在一起。而且，母體血液中的氧及種種物質等也會輸送給胎兒。

當母體生病時，亦會影響到胎兒。日常生活中，母體各種的變化，均會透過血液影響胎兒。相反地，胎兒也會把體內生活所需的各種現象反映在母體身上。甚至胎兒的荷爾蒙也會傳

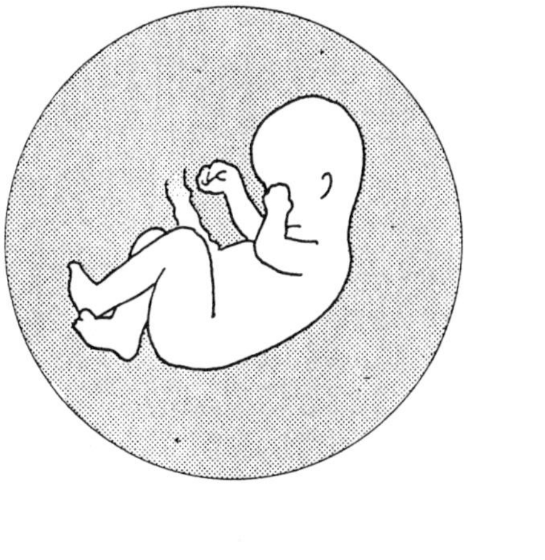

輸到母體。這可是說母子相互關係割捨不斷之原動力。兩個生命的聯繫就是想使生命得以無止境地相傳之原點。

再說到，觀察胎兒的活動，在這個時期，所有人類的肢體動作已經完成。胎兒身處羊水腔中，悠然地動著，同時反覆相同的動作，迅速地移動位置、改變方向，巧妙地運動全身。這與大人在水裡的動態幾乎是相同的。

另像手指、腳趾、頸子等細小的動作也大有進步。

而且，手可以移動到身體四處，觸摸膝、到達股間、觸摸臍帶與胎盤，把兩手拱在面前，做著纖細、有節奏的動作，有時還可以看到像舞蹈般的動作。到第一四、一五週時，會用手搔頭抓臉。

而用腳踢子宮壁可說是最拿手的活兒。手、頭與屁股運動可見各種動作。

且，對於外表的刺激，不太會使身體的運作發生太大的反應。這表示由比脊髓與延髓更上方的中腦附近的運動支配已經開始了。

在照射超音波時，經常會使手移動到該部位。想要觀察頭部時就會使手移到頭部，想要觀察屁股時就會使其移動到屁股或胯側，阻礙觀察。這是因為被照射的部分感受到超音波的能源所做的反應。

吸乳練習的開始有打開下顎之開口運動、舌頭運動及下嚥運動，當反覆進行此運動時，可發現到胃部會逐漸變大。當手、臍帶與胎盤等一觸及嘴巴時，就會開始反射性的開口運動。

此時期呼吸運動已逐漸發達。雖然肺組織尚未完成，但胸部已會收縮，橫隔膜已會動。同時氣管與被覆氣管之絨毛上皮已形成。

母親的感情與胎兒運動的關係已經開始。

靠財團法人廣播文化基金之助，得以預先進行聲音與胎兒行動的觀察，令孕婦坐在安樂椅上聽音樂，可以發現到極有趣的反應。在妊娠第三、四、五個月左右，播放孕婦喜歡的曲子，孕婦會隨著旋律小聲哼唱，心情變得輕鬆愉快。此時胎兒也會暢快地活動一番。在播放曲子期間，也會不斷地活動。

但是，在播放孕婦討厭的音樂或高難度的曲子時，胎兒的動作就變少或幾近停止。

也就是說，在本時期，胎兒已受發自母親情感之荷爾蒙與環境變化等之影響了。

這與音樂的種類無關，母親的好惡才是反應的關鍵。

◆孕婦的情形 這個時期，從外表觀之，肚子尚未明顯隆起，但子宮卻已變大，一般已大到一個拳頭大且於恥骨之後，因此尿意頻繁。骨盤內部從妊娠初期就開始充血，此對S字結腸與大腸有影響，初期會有便秘與下痢的現象，但以便秘居多。

此外乳房也明顯變大，此時，要用肥皂等清洗乳頭，同時塗抹冷霜加以護理。乳頭凹陷的人，尤應重視清潔，並找醫生談談。

我認為正式護理，一直要到妊娠末期才是最佳時機。因為過早進行強烈的按摩，會有誘使子宮收縮而發生流產之虞。

▲妊娠報告和母子手册之交付

證實懷孕後，請向保健所或市鎮公所提出妊娠報告。在格式紙上，塡入姓氏、年齡、住所、分娩預定日等必要事項並蓋章。在提出此報告的同時，會拿到母子健康手册。

母子健康手册係記錄著妊娠中的經過到小孩出生後滿六歲時的預防接種，此外，本手册係每一小孩一本，所以在獲知為多胎妊娠時，會重新發給。

☆妊娠中期的便秘與痔瘡

懷孕時應多攝取蔬菜與水果，每天喝一杯水或牛乳，並經常走動散步。

市面上的成藥應確定不會引起子宮收縮後才使用。倘若持續三、四天以上未通便，就應通腸。倘若便秘嚴重，長時間坐著，甚至會引起外陰部浮腫及肛門粘膜裂傷，多會引發痔瘡。

有便秘徵兆時，應與醫師、藥劑師商談，具體檢討本身的生活習慣及飲食習慣。倘若還有便秘的情形，請服用對胎兒無害的藥物。

懷孕後期時，有便秘現象的人相當多。原則上，應對飲食（如多吃球根類、海藻類、纖維多的蔬菜類）多費心。倘若還是便秘，就需和醫師談談，服用不會引起子宮收縮的瀉藥。當大便乾硬，無法順利排便時，通腸也是一種方法。

此外，長痔瘡時，一般是使用醫生給的坐藥，但在這之前，請試試下面的方法。在排便後與睡眠前，請用熱水仔細清洗肛門及其周圍。在大的洗臉盆內加滿熱水後，浸洗屁股的方法最為簡便。利用此法往往會使痔瘡變好。

☆「要攝取營養」的信號

從前因害喜而無食慾的人也會慢慢地產生食慾。加上為了支撐胎兒的成長，必需由母體供給大量的營養，胎盤於焉形成。為了滿足胎兒的要求，應該怎麼辦呢？

此時，在飲食方面應重質。若只吃自己喜歡吃的食物易導致偏食，而無法維持營養的均衡。

在懷孕期間比較喜歡吃清淡一點的東西。但若只吃醬菜類是得不到營養的。只有攝取含有各種營養素（如蛋白質、碳水化物、脂肪、無機質、維生素、鈣、鐵質等）之種種食品才能均衡。

懷孕中，胎兒為了本身的成長，毫無顧忌地自母體吸取所

需的養分，全然不思及母親是否承受得起。乍見之下，其雖心狠，但這是生命延續的必經途徑。此在授乳期間，會更加速進行。母親把體內的營養分溶入乳汁中，以滿足胎兒所需的營養，故在妊娠中、授乳期間，尤會缺乏動物性蛋白質、含必須脂肪酸的植物性脂肪、鐵質、鈣、維生素類。

在妊娠中，倘若上述營養分嚴重缺乏時，胎兒攝取不足，不僅會發生流產、未熟兒、虛弱兒，還會造成各種先天性異常。但，只要不偏食，正常的飲食，大部分的營養都攝取得到，故不必擔心。

懷孕期間，植物性蛋白質與油脂特別重要，應充分攝取魚、肉、蔬菜、海藻及水果等食物。

像大豆之類的豆類不要使用鹽或砂糖即可食用。牛奶、起司、蛋的營養雖佳，但應適量。肝臟類是一種喜惡強烈的食物，在調整時需費心思。

此外，容易造成不足的有鐵與鈣質。補充鈣的食品有小魚、曬乾食物、煮後曬乾的東西、牛奶，但曬乾食物鹽分多頗値擔心，故最好是以鹽分少者為佳。煮後曬乾的東西係使用味噌湯等高湯來煮，食用時，煮湯後剩的渣子要一起吃。煮後曬乾的東西二十g含有一日所需補給四百g，所以與一般的食物相較，算是不錯的食物。其亦可製成粉末（用攪混機）而同麵粉、大豆粉、肉類製成丸子也是一種好方法。

豬肉丸子、煮熟後曬半乾的鰹魚、柿子、菠菜、毛豆中富含鐵質。茲將一日所需的營養量列成表以供參考。

懷孕期間尚有二大注意事項，即熱量和食鹽需適量攝取。

☆妊娠中期的貧血

每個月抱著愉快的心情去做定期檢查，每當聽到醫生說明照超音波胎兒的健康情形，為人母親者便很高興。

但是，在喜悅之際，有些孕婦會被醫生告知：「您有貧血現象喔！」若是在懷孕六個月前的人，那麼想必此人在懷孕前就已患有貧血了。在妊娠中期以後，母體內血液會激增，加上

維他命A	維他命B_1	維他命B_2	煙草酸	維他命C	維他命D
1.800 IU	0.7mg	1.0mg	12mg	50mg	100 IU
1.800 IU	0.7mg	0.9mg	11mg	50mg	100 IU
+ 0 IU	+0.1mg	+0.1mg	+ 1 mg	+10mg	+300 IU
+ 200 IU	+0.2mg	+0.2mg	+ 2 mg	+10mg	+300 IU
+1,400 IU	+0.3mg	+0.4mg	+ 5 mg	+40mg	+300 IU

食物的卡路里量

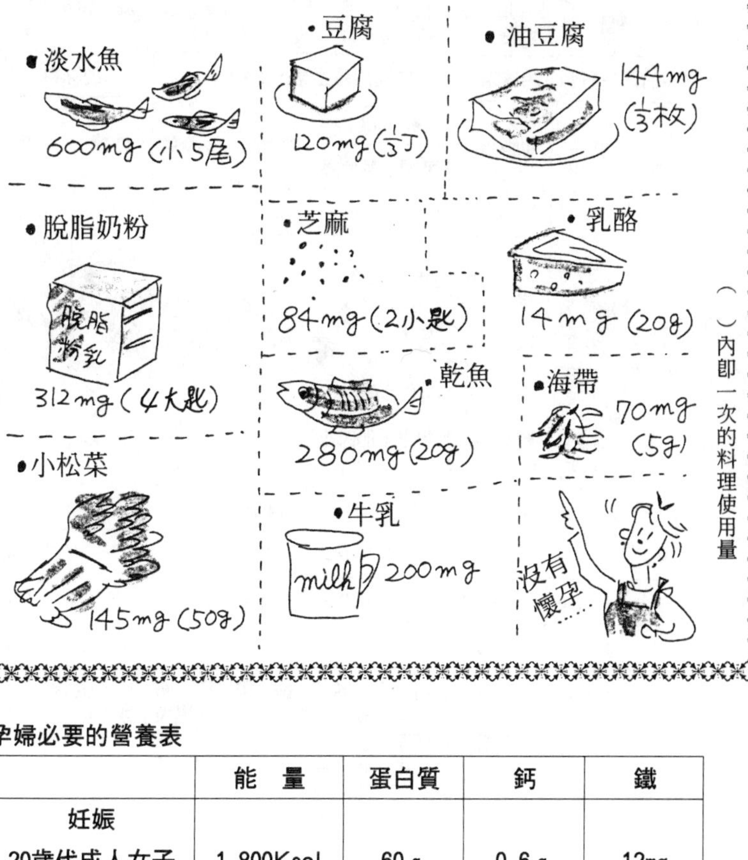

孕婦必要的營養表

		能　量	蛋白質	鈣	鐵
妊娠					
20歲代成人女子		1.800Kcal	60 g	0.6 g	12mg
30歲代成人女子		1.700Kcal	60 g	0.6 g	12mg
附	妊娠前半期	＋150Kcal	＋10 g	＋0.4 g	＋3mg
加	妊娠後半期	＋350Kcal	＋20 g	＋0.4 g	＋8mg
量	授　乳　期	＋700Kcal	＋20 g	＋0.5 g	＋8mg

營業基準量（熱　量　2.051Kcal，脂　質　53.7g，食　鹽　10g
蛋白質　77.4g，糖　質　306.6g，）

主要的蛋白質源		脂質源	主要的維生素、礦物質				調味料	
大豆和大豆製品	乳品	油脂類	蔬菜類		鹽漬品	海藻類	砂糖	味噌
			葉菜類	其他類				
100g	300g	15g	70g	200g	5g	3g	20g	15g

豆腐 1½塊	牛奶 1½瓶	植物油 4小匙弱	加起來 70g	加起來 200g	小魚干 1大匙	海苔 1½片	2大匙	1大茶匙弱
120卡	192卡	124卡	18卡	52卡	14卡	—	73卡	27卡
9.8g	9.3g	—	0.4g	2.8g	2.7g	0.3g	—	1.9g
9.1g	10.5g	13.9g	0.1g	0.2g	0.3g	0.1g	—	0.9g
2.1g	15.0g	0.1g	3.2g	9.8g	0.1g		18.7g	2.9g
烤豆腐 50g 納豆 60g 炸豆腐 25g 大豆 30g	奶粉 38g 養樂多 225g 濃牛奶 255g	奶　油 植物奶油 沙拉醬 調味醬	小白菜 豆　菜 花椰菜 芹　菜 春　菊 美國芹菜 菠　菜 紫　蘇 萵　苣 A仔菜	高麗菜 豆　莢 秋　葵 蘿　蔔 洋　蔥 茄　子 牛　蒡 青　椒 竹　筍 蕪　菁	蝦　乾	昆　布 鹿尾菜 海　帶 裙帶菜	蜂　蜜 冰　糖	

「懷孕中的飲食和營養」加藤繁＋齋藤明等執筆

懷孕中期的營養標準

＜懷孕中期＞每天應攝取之食品的組合（食品結構）							
主要營業素	主要的糖分來源				主要的蛋白質來源		
食品群	穀類		芋類	水果類	魚貝類	肉類	蛋類
	米飯	麵粉（當零嘴）					
數量（淨重）	600 g	30 g	80 g	150 g	70 g	40 g	50 g
代表性食品的標準	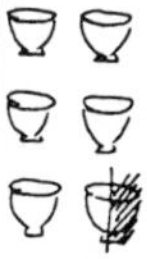 飯 5碗半	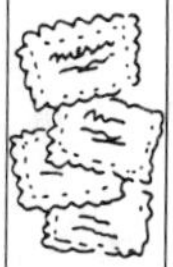 餅乾 4片左右	 馬鈴薯 小的一個	 蘋果 ½個	 竹莢魚 1條	 雞胸肉 小的2條	 蛋 1個
熱　量2.014卡	888卡	110卡	66卡	75卡	104卡	71卡	80卡
蛋白質 75.4 g	15.6 g	2.9 g	1.4 g	0.8 g	13.9 g	7.4 g	6.2 g
脂　質 53.4 g	3.0 g	0.6 g	0.2 g	0.2 g	4.4 g	4.2 g	5.7 g
糖　質299.2 g	190 g	22.0 g	14.6 g	18.5 g	1.3 g	0.4 g	0.5 g
代替食品 （熱量大致相同的食品） • 框內食品，可以任意代換在食譜裡。 • 只使用½的量時，可用2種以上。	相當於100 g白飯的食品 粥 200 g 糯米 65 g 油豆腐 140 g 細麵條40 g 白麵包55 g	烤餅 蛋糕 蘇打餅乾	蕃薯 芋頭 馬鈴薯泥 洋芋片 山芋	香瓜 葡萄 橘子 柳橙 草莓 桃 葡萄柚 柿	鰈 鯛魚 鮪魚 鮭 梭子魚 沙丁魚 青花魚	雞肉 牛肉 豬肉 火腿 香腸 雞內臟	鵪鶉蛋

一天大約所需營養量

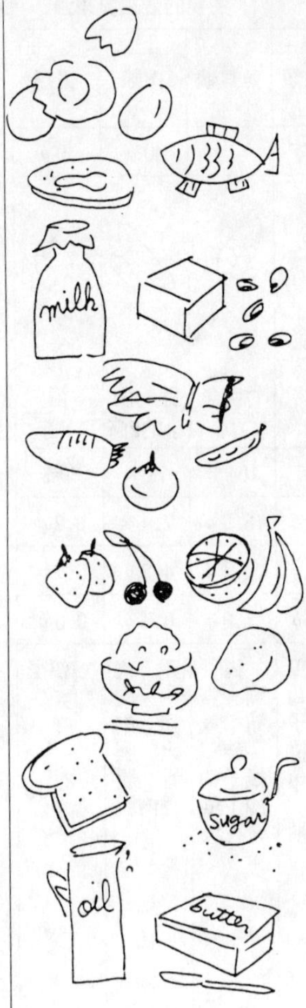

主　要　食　品	非妊時成人女子	妊娠前期	妊娠後期
蛋	50g	50g	50g
魚貝・肉	100	120	150
豆・豆製品	80	80	80
牛乳・乳製品	250	500	500
蔬　菜	300	300	300
水　果	200	200	200
馬鈴薯	100	100	100
穀　物	180	180	210
砂　糖	20	20	20
油　脂	20	20	25

參考：圖說食品成分表　香川綾案

來不及製造紅血球，會使血液變得像水一樣稀（水血症），容易引起貧血般的症狀。

貧血可由血液中的紅血球數目和紅血球中血紅素的含量來判斷。此紅血球係由蛋白質、鐵等所製造的。其中缺一不可。

血紅素中有將氧氣送到體內，並將不需要的二氧化碳運至體外的作用。當此紅血球和血紅素不足時，氧氣就無法送達體內。因此，孕婦就容易疲勞、頭暈、呼吸困難、時會神志昏迷，處於極不健康的狀態。且因容易引發妊娠毒血症，所以對胎兒亦造成影響。

特別是貧血嚴重時，會使分娩時之出血變大。那怕是沒有患貧血的人，如果出血量不正常都會有生命危險，何況是已患有嚴重貧血的人。

但是，不可思議的是，即使母親患有貧血症，但生下來的胎兒幾乎沒有貧血症狀，此乃腹中的胎兒不管母親是在貧血狀態，均會毫不客氣地吸取自己所需的血液成分之故。

懷孕中被胎兒奪去的血液成分主要是鐵質。倘若孕婦不從食品中攝取更多的鐵質，就會造成缺鐵性的妊娠貧血。

為了不患貧血，首先應多吃含有鐵質的食物，像肝臟類、柿子及深色蔬菜（如菠菜、紅蘿蔔、小松菜等）均是。

僅靠食物而來不及轉化時，可依照醫師的指示服用鐵質。而且，為不使胃不舒服，請在飯後以水或湯配服。不過，長期服用，對胃腸有不良影響，故盡量從食物中取得。

有些孕婦為了腹中的胎兒，而擅自到藥房買氧化鐵的粉末來服用，但這是沒有用的。不足的養分不是依靠藥物就能獲得，而是應從改善飲食才能治好貧血。

☆妊娠與鐵分

在未懷孕女性的體內，與蛋白質結合的鐵質貯藏在紅血球中或體內之鐵約有二千mg，每日需一mg的鐵來補充體內流失的鐵分。鐵的吸收率只有十～十五％，在日常飲食中，在食物中需含八mg以上。在每天的飲食中，營養均衡取得的二千Kcal

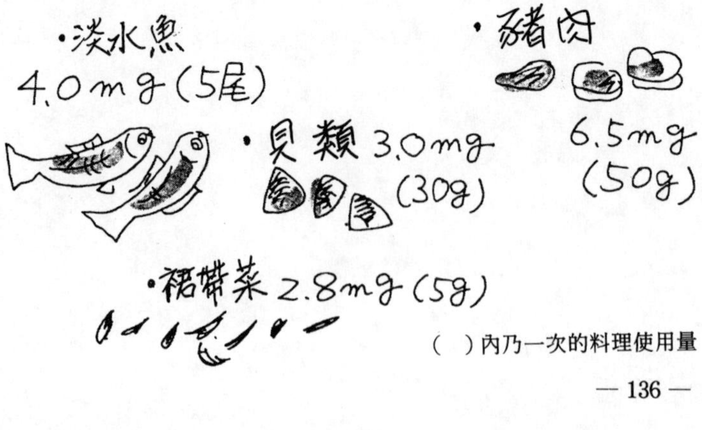

（ ）內乃一次的料理使用量

食物中含有十二mg的鐵，作為補給分已經綽綽有餘了。

但是，在懷孕期間，每天所需的鐵分，前半期體內三mg、飲食二十四mg以上，後半期體內五mg，食物中四十mg以上，在懷孕中全量八百mg以上，需有更多的鐵分。

因此，以平常攝取均衡營養的食物中，補充所需的鐵分，則飲食必是二～三倍以上的高熱量，故不適當。因此必需食用低熱量、含高鐵分的食物，像肝臟即是含鐵分多的食物。

到了妊娠中期，血紅蛋白（為觀察孕婦血液中的鐵分，在血液檢查時，測定血紅蛋白＝Hb（血球中鐵蛋白、血色素量））在十一～十二g／dℓ，但到妊娠八個月時，低於十g／dℓ者也不少。此時，與其急性服用含有鐵分的藥劑，倒不如從妊娠五個月時，就經常留心食用高鐵分食物較好。因為含有鐵分的藥劑會造成胃部不舒服、噁心、胃痛、食慾不振等現象。

☆妊娠中應避免的食物

食物所含的鐵分量

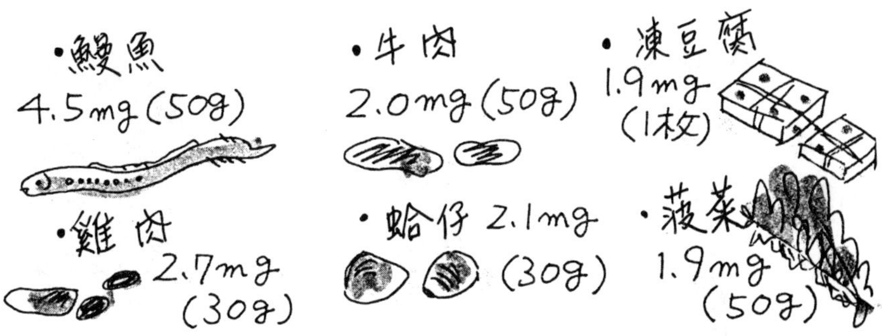

原則上，懷孕期間，以食用新鮮、未經加工之料理食物為宜。現代產物如加有防腐劑者，使用有害著色劑、化學調味料者、不新鮮者、速食品，特別是鹽分多的速食麵及高糖分的清涼飲料等，均是要少碰的食物。

現今是便利至上主義，快速萬能的時代，凡事用手做過於麻煩。因此，調味方面也流行速成、簡單便利的化學調味料。

另一方面，最近對無農藥、有機肥料食品重新評價，而認為胎內的新生命才是需要此種營養源。孕婦應常食用未受重金屬、防腐劑及農藥污染的米、蔬菜及魚類等。

在速食品中含有大量的鹽分。像速食麵之類的麵湯，不要喝較好。從妊娠中習慣清淡味道，對家庭而言，是相當重要的事情。生產後的斷乳食物也需清淡些，這對小孩的將來極有幫助，可預防高血壓、腦中風等成人病。

☆昔之胎教——教「心」

主要調味料所含鹽分量

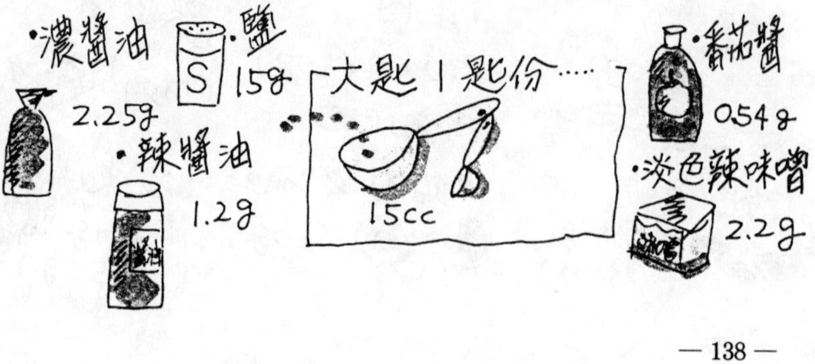

胎教，在中國數千年前就已形成。日本亦在德川時代，作為妊娠中母親的心得，而出了一本說明精神修養的重要性的書。對於無法像現代般取得來自胎兒的情報的時代而言，也有為培育腹中胎兒的胎教，頗令人玩味。

現在就來想想從前相傳的胎教。諸如「懷孕時看到火災會生下紅屁股的小孩」、「爬高臍帶會捲起來」等都是。實際上，均為訛傳。但，接受強烈的刺激、做危險行動也是現代母親應避免的。

如看見火災，孕婦一受驚嚇，便會使副腎臟機能亢進，而從分泌的荷爾蒙影響到胎兒。因此盡量避免孕婦看見刺激的事情之心思是相通的。

但是，誤解胎教之意，而誤以為把母親稱意的才能傳給胎兒，以成就如願的俊男美女的人，為數不少，甚至在日常生活中，付諸實行的大有人在。雖知其為不可能，但仍思之，或許這就是為人母親的情懷吧！

昔所相傳的胎教精神，在生命的延續中，被認為是累積前

食物所含的鹽分量

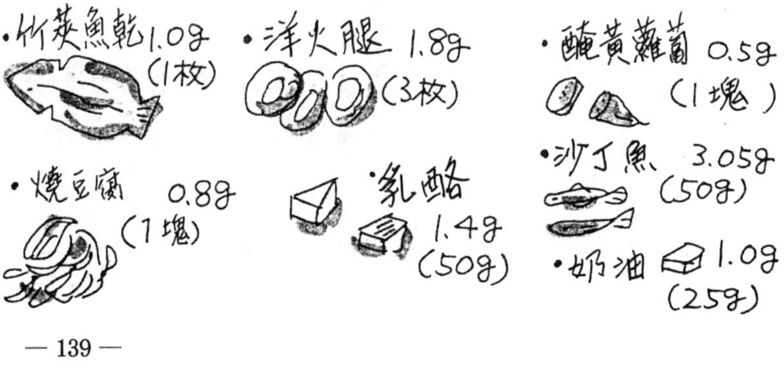

人智慧的結晶。

現代文明、文化，往往在物質可能支配一切的現今社會中，人人心中都在追求著一些東西。

我認為，懷孕中的母親所想的，是每天生活的重點，這不正是「母性光輝」「慈悲心」嗎？而且我認為此種母性光輝，在任何一個時代都不會改變的。

在從前相傳的胎教中，如字面意思，有很多是迷信。但是，話裡面真正的含義，有很多是可以用現代科學理解的。

☆妊娠中由子宮流出的黏液

一般而言，膣中會繁衍某一種桿菌（繁殖於膣內，把腔內造成酸性環境有助於多數病原微生物的生存），以維持生理性，妊娠中外陰部與膣腔也會充血，使流出物增加，且在膣內發現有各種非病原性的細菌，容易感染。

尤其在妊娠四個月以後，排出量會逐漸增加，為了維護外

▲減少鹽分的攝取

①運用材料原味

魚貝類、蔬菜等越是新鮮的食物越具有原味，只要稍加調味就能顯出原本的美味。

②使用香菜

蘘荷、紫蘇、薑、柚、大蒜、蔥等有香味的菜類或檸檬汁等來強調食物的風味。

③善用高湯

不具美味的素材，特別是使蔬菜類與會產生美味的材料配合，或使用高湯來增加材料的原味。

④利用油

高溫的油香也是味道之一。油炸過的食物只要滴上檸檬汁就是道美味的佳肴了。

⑤利用適當的燒烤香味

魚素燒就很美味。食用時可澆上檸檬汁、沾一／二小茶匙的醬油（鹽分〇・五g）＋蘿蔔泥。

陰部的清潔，每天需用溫水清洗數次。內衣需經常更換，且盡可能每天洗澡。但應避免長時間的沐浴或洗熱水澡。懷孕八個月以後，動作變遲緩，不可做太過勉強的動作。洗澡時以淋浴較好。

流出物有顏色、外陰部紅腫、會疼痛時，需防膣受感染。病原性的感染有因梅毒、淋菌所引起，少數尚有毛滴蟲膣炎、真菌性膣炎、外陰部炎、非特異性膣炎。上述感染症，均有外陰部會搔癢、流出物增多、感覺紅腫疼痛的現象。

真菌性者亦會因服用抗生物質而發生，攙有酒糟之物會大量產生。

毛滴蟲膣炎屬於感染性疾病。症狀為流出大量有泡之黏液。這兩種感染症可簡單治癒。

此種病原菌不會侵入子宮內，不是造成流產的原因，不過，最近因短桿菌肽與非病原菌的感染為流、早產之因，而受到矚目。這些感染幾乎無症狀，但經由檢查可以診斷出來，故請與主治醫生商量。

⑥食用前才調味

莎拉、涼拌物等，置放過久，風味就會消失，故於食用前才調味。

☆趁早治療蛀牙

據說懷孕的媽媽蛀牙會增多。原因是不管孕婦的營養狀態如何，胎兒都會毫不留情地吸取自己所需的養分，所以當孕婦鈣質不夠時，胎兒甚至會吸取孕婦骨幹中之鈣。

女性未懷孕時，成人一日所需的鈣量為六百mg，可由日常飲食中攝取。但是懷孕時就需要一千mg，所以懷孕期間應比平常攝取更多含有鈣質的食品。小魚、海藻、牛乳、豆腐、青菜、乳酪中含有大量的鈣。應多食用。

蛀牙不同於其他疾病，置之不理會越來越嚴重。在確知懷孕後，應儘早接受牙齒的健康檢查。倘若需要治療時，應即早進行。話雖如此，當孕婦有蛀牙時，嚴重時會吃不下飯而使營養的消化吸收變壞。此外，在懷孕末期若蛀牙惡化到需拔牙或動手術時，有時會對胎兒造成嚴重的影響。

所以懷孕期間治療牙齒時，要告訴醫生自己已懷孕。

超音波斷層掃描畫像

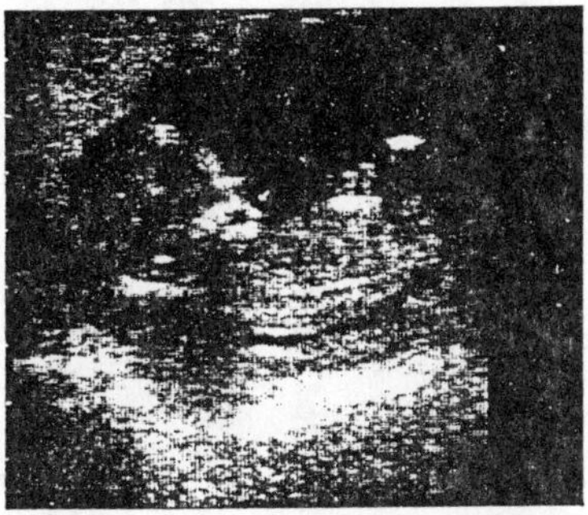

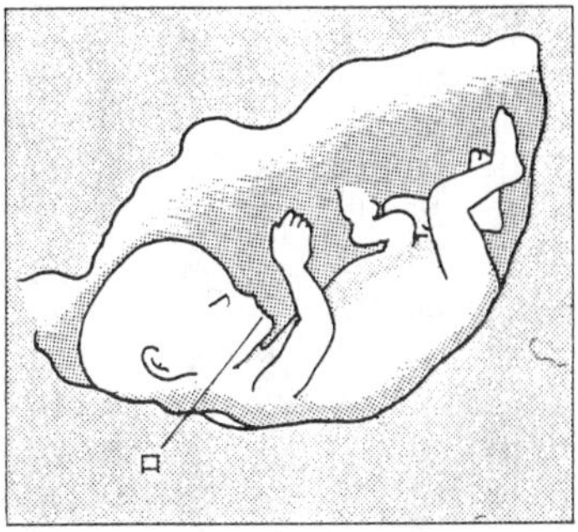

12週3日　開口運動與嚥下運動

可以看到為了吸奶而出現的靈活開口運動和吞下運動，也能看到胃鼓起。

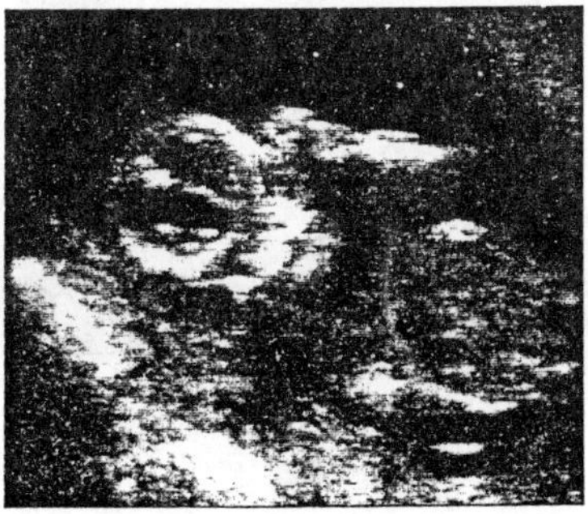

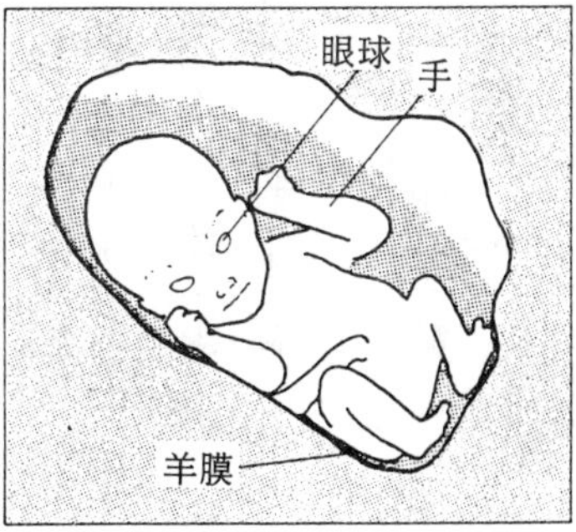

13週0日　眼球運動

這個時期，已經可以清楚看到眼球轉動，還有用手拍頭、摸嘴、開口運動和呼吸運動。

16～19週（第5個月）的胎教

安定時期

◆**胎兒的容貌**　這個時期胎兒身長達二十～二五㎝，體重達二五〇～三〇〇g，全身開始長胎毛、頭髮、皮膚的感覺器官已完全。

外耳、胃已出現製造粘液的細胞，大腦方面尚未形成摺皺，但基本的構造已達最後的完成階段，從延髓—脊髓期到中腦—菱腦—脊髓期，進而到形成更複雜的反射系統。此外，延髓的呼吸中樞已開始作用。肺胞上皮也已開始分化。

利用超音波觀察胎兒的活動，可知細小的動作已發達，兩手可達面前，每根手指都會動，還會做著像跳舞般的動作。腳的踢力很強，可以踢到子宮壁。

呼吸運動尚不規則，不像從前那麼活躍。但是，開口運動和眼球運動則相當頻繁。手指常常會抓抓頭、摸摸臉，看似在

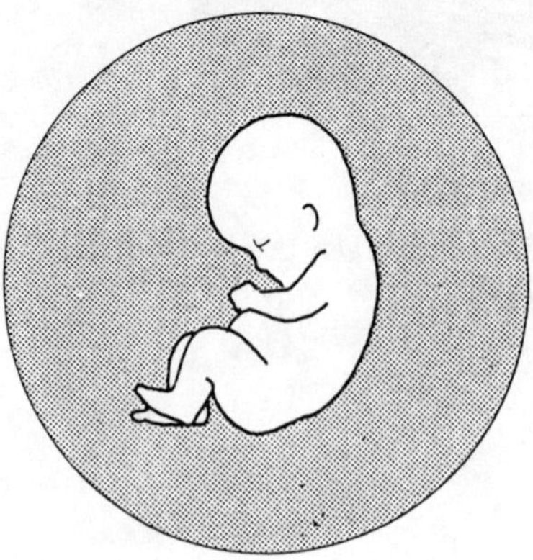

確認自己一般。當手指一觸及唇部，在以往會反射性的開口，但本時期已不再是反射性的動作，時而會吸吮，時而不會吸吮，變得稍稍高明。

孕婦的日常生活與胎兒的聯繫，因胎兒的動作以稍微高度的中樞神經的動作為後援，所以較前複雜。

但是，母體所受的刺激會直接反映到胎兒的動作上。雖在懷孕期最安定之時，胎兒也會有過度激烈的反應。

茲舉曾經發生的例子，說明於下。

有一孕婦，在懷孕十九週時，因發生看似水狀的流出物而到醫院接受診察。下內診台之後，實習護士像在複習學過的知識般，不小心說了「流出水狀物的話，搞不好是流產，最好立刻準備住院。才懷孕五個月，胎兒應該尚未發育吧！」

孕婦一聽到這個消息，傷心大哭了起來。在進行超音波檢查時，激動地哭著說：「醫生，請您一定要救救我的小孩，我不要流產。」

由於孕婦激動的情緒，使母體腹部大動脈發生很激烈的拍動。同時傳達給胎兒。

剛開始時，胎兒身體硬直，而該動作從頭部傳達至全身，而引起強烈的振動。不久，胎兒就開始運動起來。

通常本時期的胎兒，動作都很緩慢，一個一個動作完了後才換做下一個動作，但這個胎兒的動作卻是越來越激烈。

手碰到嘴巴時，全然不會吸吮。頭部左右振動，手腳忙亂地揮動，傳達了胎兒不安的情緒。

再者，胎兒的胸和腹部也慢慢開始抽搐起來，心跳速度亦加速，狀極痛苦。呼吸運動與橫隔膜動作全然消失。此種動作不斷持續十五分鐘。

待醫生對孕婦說：「不用擔心，水狀物是假羊水而已。您體內的羊水既未破，胎兒也還活碰亂跳的。不要住院亦無妨，我會開些藥方給你，現在請安靜下來。」

孕婦一聽，遂平靜下來，含淚再三叮囑道：「醫生，是不是沒有問題了呢？」

不久，腹部大動脈的振動也恢復正常了，但胎兒尚仍稍微做著粗魯的動作。約二十分鐘後，才逐漸回到正常的姿勢和動作。

我著實也為此種情形吃了一驚。那一整天都在思考著：「想不到母親的感情和胎兒的動作如此強烈地結合在一起。」

另外一例是，為了趕上診察時間，急忙自己開車子去醫院的情形。因路途彎彎曲曲的，使得孕婦累得發喘。

經超音波診察時，和前例一樣，孕婦腹部大動脈強烈振動，並透過子宮壁將此振動傳達給胎兒。但因胎兒身體尙未僵硬，只有脖子上的頭振動。不久就活動起來，而且越來越激烈，和平常的緩慢全然不同。因為不斷快速地活動，頭部揮動、手腳又伸又曲的，狀似勉強貌。

但是，動作一一結束後就恢復原狀，而且胸部和腹部也不見抽搐。情況和前例相同，但動作卻不同。

由上面兩個例子得知，母親受刺激本質的差異會反映在胎兒行動的差異上。

大體上，孕婦的情感是如何傳達給胎兒呢？

在懷孕五個月時，大腦皮質的機能尚未成熟，間腦的機能也尚未完成，中腦亦然。此種動作的發生係由於孕婦受刺激而分泌各種荷爾蒙的變化，透過血液通到胎盤而傳給胎兒。而不認為孕婦的血壓上昇、心跳激烈是胎兒「被強烈搖動所致」。

在本時期，即使把外力傳給子宮腔內的胎兒，但胎兒的運動係受自我中樞神經的作用所控制，照理說是不會發生動作的。

依據英國產科學界的報告，倘若孕婦的高血壓對胎兒的影響為一，那麼夫妻吵架時，影響力將增到六倍。這說明了丈夫角色的重要性。

◆孕婦的外貌 本時期孕婦的下腹部因子宮會大到肚臍和恥骨的中間，所以稍已突起。這個時期也是懷孕中最安定、最輕鬆的階段。經產婦在十六、十七週時就可感覺到胎動，而初產婦則要到二十週後才會感覺到。

漸漸地就要進入束腹帶的時期。

從小受精卵逐漸發育的胎兒，心臟一直在拍動。到了四、五個月時，用特別的聽診器及裝置就可以聽到心跳聲。藉此心

音，使我們實際感覺到，胎兒是有生命的。懷孕七、八個月時，為人父者把耳朵貼近孕婦的腹部也可以聽到胎兒的心跳音。

一般說來，胎兒在出生時，頭部會向下出來。此外，也有腳或屁股先出來的情況，而被稱為逆生兒。然而決定那個部位先出來的，是在分娩不久前。懷孕中期，胎兒活潑愛動，經常會發生胎位顚倒的現象。本時期胎兒的胎位，可做為健康的證據。實際上，在將分娩前，大部分的胎兒均會頭部朝下。成為逆生兒的比例在五％以內。

☆妊娠中期體重的增加，是否為健康的指標

在懷孕期間，孕婦體重平均會增加十～十二kg。其中，胎盤、羊水及胎兒占五kg，剩下的六kg發生於孕婦腰圍或腹部的脂肪及乳房肥大與血液增加所帶來的重量。

到了懷孕中期時，體重未增加、食慾不振都不是正常的徵

兆。必定是有某種原因才導致這種情形，必需和醫生商量。

不過，最近，體重增加過度的比例日益增加。

一般說來，懷孕前和懷孕末期的體重相差，以十kg左右最為理想。在害喜期間，體重增加得很少，但通常約自四個月起，體重會開始增加。懷孕七個月時增加十kg以上，即每四週（一個月）增加三kg以上時，或之後，每週增加五百g以上，就要小心控制體重了。以限制飲食來控制體重，必需要在思及胎兒營養維護上進行。

因此，主要必需減少糖類、穀類（碳水化合物）、球根類及動物性脂肪的攝取量。

懷孕期間的飲食可說是「重質不重量」。

在懷孕期八個月以後，營養攝取過多而增加的體重，並非真的增重，這其中有不少是因為腎臟功能欠佳，體內充滿水分、浮腫、水血症而使體重看似增加，估計每週會增加二kg（相當平常的四倍）。這可能會是妊娠毒血症的開始，故除了要控制卡路里外，更應限制水分的攝取量，同時必需安靜。有是類症狀出現時，不妄加判斷，而應定期檢診，研究體重增加的原因，並接受生活指導。

當體重增加是由浮腫所造成時，就限制飲食，有時反而會使浮腫、水血症更為嚴重，進而導致妊娠毒血症，使胎兒營養缺乏，而引起未熟兒或大腦發育的障礙。

另外，飲食過量、攝取高熱量食物而導致的體重增加，會造成胎兒過於肥胖而導致難產。

最近，因可藉由超音波檢查簡單推測胎兒的體重，所以母親體重增加過度的人，從懷孕二八週後，計算胎兒的預估體重以為正常胎兒的發育曲線，亦可藉此控制飲食。

有體重增加過度情形發生時，務必接受糖尿的檢查。胎兒的發育良好，則初產會產下三・六～四・〇kg的寶寶，但也有很多難產的例子，孕婦與胎兒因此而受害的案例頗多。所以大個子的孕婦以生出三・四kg以內的寶寶為宜，而嬌小的孕婦以生出三・〇kg以內的寶寶為宜。這也是重要的胎教。

體重的變化是獲知懷孕狀態的重要指標。孕婦與胎兒為了在最佳的狀態下安然渡懷孕時期，最理想的作法是，肥胖的人應在減肼後才計畫懷孕。

☆腹帶是體貼胎兒的必需品

腹帶可預防腹壁過度伸展，並防尖腹、懸垂腹，可保腹部溫暖，固定肚子使孕婦行動方便，有助於固定胎位及在胎盤附著於子宮前壁時，擔任保護的功能。

此外，有些人因胎兒過大而緊緊裹上腹帶，或不喜拘束而不圍上腹帶，這兩者均不對。正確地卷繞而把胎兒保護地更為周詳的心情，對胎兒而言是極為重要的。尤其是婆婆望孫心切，但對媳婦的健康也是很在意的。

腹帶材料，不論是漂白棉布或是鬆緊帶均可。漂白棉布具有卓越的吸汗性，故在夏季濕熱的天氣，使用棉布者較為舒適。而在冬季棉布也具有保溫效果。對於把日漸突出的肚子，一圈一圈地圍繞起來之事，認為是「感覺很緊張」的母親，大有

腹帶的捲法

漂白布腹帶，把1條約11公尺的布剪半，做成2條約5公尺長的。寬度折成2半，綁縛後大約留下可放入3指的寬度，懷孕中期左右（肚子還小的時候），由上而下，以後是由下方托住肚子捲好。

中期左右（肚子小的時期）

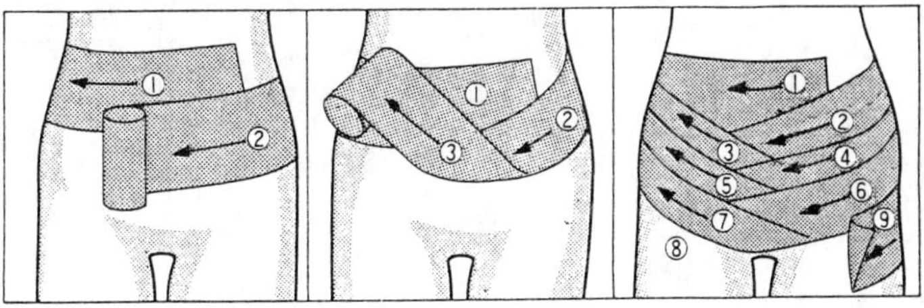

後　期（肚子變大開始）

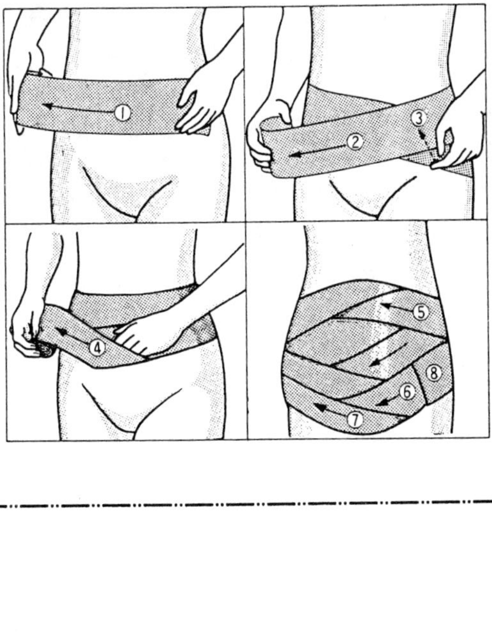

人在。「好了，今日也是一起加油呀！」如此一面告訴胎兒一面卷繞著，會深深地感覺到自己和胎兒是一體的。

雖然裹腹帶的好處這麼多，但很多的上班婦女總是會以裹上布後，動作會受拘束，若遇在工作途中，腹帶鬆了，無法立即重新卷好，或早上忙得沒有時間去裹腹帶等等的理由，而換用鬆緊帶式的腹帶或卷上其他簡單的卷腹式用品。

不管是鬆緊帶或卷腹，不忘對腹中胎兒之關愛，乃是用腹帶的最大目的。卷上腹帶，在期安然渡過不安定的懷孕初期，邁向生產，以新決心促進保育胎兒的心情下，對現代的胎教也可說是需充分加以運用之物。

☆懷孕期間的性生活應適可而止

婦女懷孕後，容易變得只注意胎兒，而忽略了和先生的關係。尤其是在懷孕初期，會擔心性生活會不會對胎兒造成影響，或因害喜而沒有那種心情，而在不知不覺中，與丈夫疏遠。

一般說來，懷孕中的女性，性慾會降低，但男性並不會因妻子懷孕而降低性需求。女性應該對此種性差異加以理解，協助丈夫渡過此一過渡時期，鞏固雙方的愛情也是安定孕婦情緒所必需的。

特別是在懷孕中期時，孕婦的心情和胎兒的狀態都是處於最安定的時期。與丈夫之間的親膚關係不會造成胎兒不良的影響。但，為人夫者，也應不忘對懷孕中的妻子多加體貼。不過，孕婦經由性愛行為會感到強烈的興奮而引起子宮的收縮，進而發生早產。因此在肌膚相親時，不要太過激烈。

懷孕三個月前及八個月後是性生活需注意的時期。在懷孕初期，由於胎兒尚未藉著胎盤與母親緊緊連在一起，所以過度刺激會增加子宮的收縮，而發生流產的現象。擔心流產的人，或醫生建議停止性生活的人，應該和先生好好溝通後，儘量避免性行為。

在懷孕中期及末期，激烈的性交會使膣內的非病原性細菌活性化，發生細菌感染的危險。

在懷孕末期時，孕婦的肚子變大，胎兒亦下達產道，等待生產。倘若在本時期給與刺激會引起子宮強烈的收縮，使羊水膜破裂而流出羊水，恐有早產之憂。為了不造成憾事，懷孕中的性生活，夫妻兩人應該要好好研究。

☆懷孕中期的流產、早產

懷孕中期雖說是最安定之期，但其中發生流產、早產亦不在少數。在懷孕初期時，流產的比例很高被認為是一種自然淘汰，起因於異常的受精卵居多，已能為人所理解，但好不容易克服了此一障礙，進入懷孕中期，仍會發生流產、早產之傷心事。

中期發生的流、早產，對初次懷孕之人較少發生。但，年輕人常會因激烈的運動、旅行、短桿菌肽的感染等不注意健康的日常生活而引起流、早產，不可不慎。

高齡初產婦除了上述原因外，尚會因子宮肌腫而發生流、早產。不是初次懷孕的人中，特別是在上次懷孕時，胎兒很大時，卻進行墮胎的人、屬經產婦在前次分娩時很迅速，切斷子宮頸管而未治癒的人、先天性子宮頸管鬆弛的人、子宮肌腫變大的人，諸如上述的各種人，在日常生活中一引起子宮強烈的收縮，即使是已經到了懷孕中期，流產亦是輕而易舉之事。但，也有無特別徵兆，尿液在無意識中流出而沾濕外陰部、弄沾內衣褲。此時，應先想到會不會是破水而導致羊水流出。

羊膜會因炎症或變性而有小孔。倘若小孔裂得更大時，羊水會立即大量流出。

發生上述情況時，要立即接受檢查，證明為破水時，需住院並注射對胎兒無害的抗生物質。

頸管鬆弛時稱為頸管鬆弛症，在懷孕四、五個月時，為了增強頸管彈性，必需動簡單的手術。期能順利渡過懷孕期。

總之，妊娠中期的流、早產，很少是因胎兒異常所起的，倘若發生時，雖積極治療，死胎的機率仍很高，所以最好是在日常生活中完全接受檢查，進行預防與治療。

20∫23週（第6個月）的胎教

在羊水中神遊

◆胎兒的外形　本時期胎兒身長達二五∫三三㎝，體重達三五〇∫六〇〇g，全身骨格組織已完全。毛髮增多，已長有眉毛和睫毛，開始有脂肪。但皮下脂肪尚少，皮膚很薄、全身瘦削。此時羊水量也多達三五〇cc以上，羊水腔也變寬廣了。

肺部方面，毛細血管增多，開始從事骨髓造血功能。脾臟和淋巴系組織已出現。腎臟方面，新生兒尿產生細胞已有五十%成熟，腎臟功能亦趨活潑化，可行排尿。

本時期大腦皮質的腦細胞據傳已有一百五十億，其係在懷孕八週後開始製造，在懷孕二十週後大致上已完成。

但是，大腦皮質的腦波，在本時期尚未發現有興奮的現象，具體言之，尚無作用。然而，舊皮質、間腦、中腦有一部分

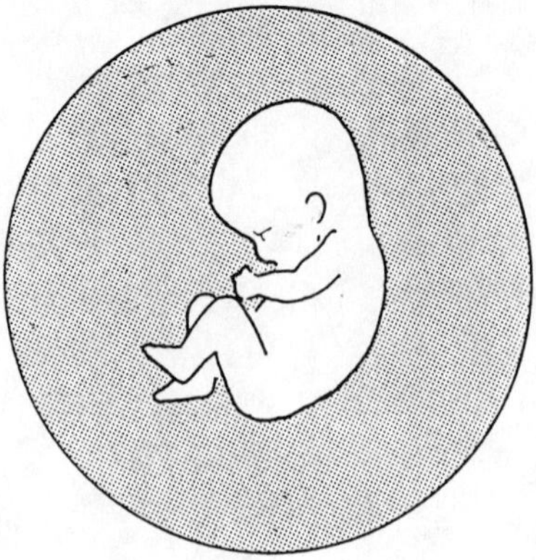

已髓鞘化，開始神經系的作用，被認為是體內更高度的神經支配者。特別是作為胎兒獨立生存所需的維持生命的結構，接受來自中樞神經的複雜命令或受理來自神經梢傳來的情報等，開始正式被組入控制機構之中。

最近由於對未熟兒之醫學上的進步，終有四百g之未熟兒，亦能於母體外存活之例子。

一般說來，二十三週前的未熟兒是很難存活的。因此，在二十三週前被視為流產兒，但在將來，超未熟兒的存活率可能會更高。本時期的胎兒，儼然已有獨立的人形。兩手以在臉部前面居多，動作活潑，但因臍帶尚粗而未扭轉，所以很少不停歇地旋轉。

但，胎位可自由變換，胎向亦可改變。所有的手指能夠靈巧地活動，對於臍帶、腳、手等，可加以握放、撫摸。

此外，腳掌也清晰可見，活動也很強，一刻都靜不下來。

顏面方面，實際上已很完整，除了眼球會動外，眼皮也會動。尚可發現到鼻、上下唇、下顎、臉頰等臉部表情的動作。

此外，尙可經常看到，打哈欠般的開口運動，吸吮手指的動作及舌頭的活動情形。再者，自本時期以後，頭會旋轉、改變顏面的方向，把嘴巴移動到手指所到處之地，再把手放入口中，進行探索、產生吸吮運動。

對於母親感情的變化，在懷孕四個月時尙未能明確反應。

聽覺方面，似是中腦的反射。呼吸運動以類似打嗝兒的動作、抽搐性的胸部收縮狀居多，乍見之下，比三、四個月時更不具規則性，似乎未有發展，但實際上，已確定具有更高度的中樞神經（主要為腦幹部）支配的過程。

胎兒常飲羊水、經常排尿，可說是進行受自我腦幹部所控之行動，自由在胎內活動的時期，但直接給與胎兒聲音的刺激也未見明確的反應，此外，心跳的變化也未明確。

◆孕婦的外貌　本時期，孕婦的下腹部稍微突出、子宮底部約昇高到肚臍處。胎動明顯增多，體重亦漸增。此外，身體會稍感疲倦，腰、脊背有重荷。前次懷孕時發生靜脈瘤之人，下肢、外陰部的靜脈會稍稍突出，並逐漸明顯。在精神上，是孕婦最安定的時期。偶爾感到的胎動是母子間之聯繫的開始，使心靈更為豐富。

☆孕婦的日常生活

懷孕至此，已能克服害喜，食慾也已恢復，漸漸有了元氣。不過，此後孕婦體重會變重、容易疲勞、下腹偶爾會故弄玄虛。尤其是上班族婦女，疲累往往會拖到隔天，所以盡量要有充分的睡眠和休息。

下班後，回到家裡還要自己做家事及照顧孩子等等，真可謂是女強人。人一積疲，食慾就會消失，進而對胎兒發育定有不良影響。上班族女性生出低體重兒、早產、難產之因是從本時期的生活所引起的。

本時期，丈夫的責任也是最重要的。單僅精神上的支持，幫助不大。尚應分擔家事。尤其是在休假日，丈夫應待在家中，使妻子鬆弛一下，充分休息。

純粹為家庭主婦之人，應該動動身體，工作速度要放慢。粗重的工作則留待休假日給先生來做，閒暇時，兩人可一同去散散步、逛逛街。飲食方面，除了要迎合先生的喜好外，也不能忘記胎兒需要的養分。

有空的時候，不妨在客廳裡看看電視、吃吃點心，此外，是應該要想想嬰兒所需的衣物的時候了。

☆孕婦需不需要運動？

最近正在流行孕婦運動。原本到懷孕中期，激烈的運動仍被禁止的，而孕婦游泳、韻律體操或舞蹈等等，是時下正流行的運動。

孕婦游泳，需在水溫二九～三一度、有專門指導人員指導下進行，唯不單只是把身體浸在水中並利用水的浮力輕輕運動，是以各樣效果為目標而進行的。據說此項運動可緩和腰痛、腿肚抽筋或靜脈瘤，亦有助於分娩時之身體練習。

此外，尚成爲孕婦交流的場所。但是，孕婦游泳雖具有順產的效果，但絕不是在冰冷的水中游泳，倘若水溫在二八度以下時，會使子宮緊張而成為早產或流產之因。

而且，游泳的時間最好是在不易引起子宮收縮的時間帶（上午十時到下午二點左右）。水溫過高容易增加疲勞。

跳舞（韻律體操）係配合音樂舞動身體，目的在於營造分娩所需的身體。這些運動對於無需操勞家事，閒得發慌，沒有運動身體的人，未嘗不是一種方法。

但是，除了做家事外，也不應該忘記自然地動動身體。若是上班族女性，通常會有疲勞的傾向。像這類的孕婦，由於經濟上的負擔和時間上的問題，並不認為孕婦運動是必需的。

如果需要全身運動時，不如在白天有時間的時候，自己做做孕婦體操，或借先生之助，一同在就寢前做孕婦體操，或早晚一同散步二十～三十分鐘。身體運動應在日常生活中充分進行。此外，孕婦的體格和體能決不是單靠懷孕中的幾個月而定的。而是早在孕婦幼時的環境所造就的。若從小學時代即注意

▲在做孕婦游泳前的注意事項

不會游泳的人，在懷孕初期有流產傾向、甚至到了中期經常感到肚子發脹、有早產傾向的人、患有舊疾之孕婦最好禁止。

在入水池前，先檢查血壓與脈動。水溫過低（二八度以下）易引起子宮的收縮、水溫過高（三二度以上）會感到極度疲勞。此外，最好是選在不易引起子宮收縮之游泳時間帶（上午十點到下午二點左右）。而且，水池中需有指導員。

體力的培養，就很充分了。

再者，對婚後亦享受運動的夫妻，可說是零缺點的孕婦。因從前不曾鍛鍊過體力，也不知從現在起開始運動的人就應該要好好考慮了。有關分娩所需的身體運動，請與主治醫師或助產士談談，並接受生活指導等等。

☆胎兒會自淨羊水

利用超音波斷層來觀察懷孕第六個月左右的胎兒，儼然是宇宙飛行員，安上氧氣管游在宇宙船之間。與母體連繫的肚臍端表氧氣管、胎盤表宇宙船、羊水表宇宙。

羊水具有使胎兒免受外力衝擊之緩衝器的功能、維持舒適的溫度、使胎兒自由活動、擔任發育成長的助手。

羊水係由透過羊膜之類的東西而滲出者與胎兒的尿液製成的。東方人的羊水量，在懷孕第六個月時，約為六百cc，第七個月時約為七百～八百cc，一般到了生產時，約達五百～一千

cc左右。

由超音波的圖像觀之，已知在懷孕十週左右，胎兒會喝羊水。十二週時可以看到其喝羊水肚子就會漲起的樣子。此外，胎兒的膀胱，一天中會有數次的大小現象，而知已會排尿。

胎兒喝羊水也是為生下後能立即吸吮母親的乳汁所需之準備。

羊水隨著懷孕日數的增加，胎兒皮膚細胞等會浮起而白濁起來。甚至從超音波的圖像也會反映出許多的浮游物。此種細胞可藉羊水穿刺檢查採樣培養，並用於染色體檢查上。懷孕第六個月左右的胎兒，令人驚訝的是，已開始會自行處理羊水的髒污。把羊水飲入後，用腸子來過濾之，去渣滓後再以腎臟清淨之，貯於膀胱之後，作為乾淨的小便排於羊水中。到了懷孕末期時，每天要喝四百五十cc的羊水，排五百cc的尿。

經過濾過的渣滓，一直被貯放在大腸之中，而在出生後才以胎便排泄出來。

胎兒就是這樣不斷地打掃自己居住的子宮，以維持清潔。

▲羊水與羊膜

羊水大部分為水，此外還含有少量的蛋白質。

羊膜為包住羊水與胎兒之堅固的膜。胎兒有消化器畸型等之疾病時，羊水量會變得異常得多，而造成羊水過多症，反之，腎臟與尿道系統畸型時，會造成羊水過少症。

羊水是重要的健康指標。

▲羊水穿刺檢查

以分析羊水的生化學上、細胞學上的成分為目的所做的檢查，係利用超音波斷層法，避免胎盤等進行穿刺，採取五～十mℓ的羊水。

☆和胎兒一起旅行

在懷孕第六個月左右，孕婦已漸漸習慣妊娠中的生活，胎兒也逐漸穩定，所以不需像懷孕初期般的神經質。到了後期，越接近產期，總覺得應待在家中，所以趁動彈輕鬆的時候多多外出，改變一下心情，也是享受和胎兒一起生活的樂趣。

待胎兒生下後，為人母者早晚要忙於照顧新生兒。在此時，先生攜妻、子做個小小的旅行，悠閒地消磨時間也是別緻的胎教方法。

不過，不能忘記的是，腹中的胎兒也一同去旅行，故應訂定適當的、悠閒的計畫。還應避開在人多的時候，重要的是計畫不要過於複雜。

選個空氣清新、安靜的地方對胎兒最好。不需要出遠門，盡量考慮近而能夠休憩的地方。像綠地、溫泉鄉均是好去處。孕婦吸收清新的空氣，對胎兒的成長亦有所幫助。

▲外出時需注意的事項

懷孕中期屬安定期，適度的外出，對運動不夠的孕婦極有益處。每天固定去散步、過著規律的生活也很好。

但重要的是，要依季節選帶服裝與準備。運動鞋、毛巾之類的用品不可忘記帶。夏季時應避開直射的日光。與其單獨旅行，不如攜夫同行來的理想。

▲交通工具

原則上，除了不會感覺疲勞、只花一～二個小時的小旅行外，其他均不理想。長時間的顛簸振動，會引起子宮收縮，容易發生流量、早產。孕婦駕車可說「百害而無一利」真不過言。

不過，大都會因電車、地下鐵、汽車、計程車等交通工具很發達，所以較易實行。但懷孕期間的休閒活動，不同於懷孕前，應該想些與腹中胎兒共三人的愉快方法。例如，在旅行途中想想小孩的名字之類的，會是美好的回憶。

旅行不要太大規模，到朋友家或陪同妻子回娘家，悠閒地渡過幾天，使孕婦的疲勞恢復最為適合。好好地向即將為人祖父母的雙親撒嬌一番，趁著此時玩個痛快。無法到遠處時，附近的公園等等也一定會有適合三人旅行之處。

☆懷孕與旅行

出外旅遊要使用飛機、電車、船、汽車等交通工具，和孕婦的日常作息不同，除了振動外，身體活動反而較少，且在搭乘的一定時間內，身體的姿勢受束縛，一方面更要步行很長的距離，易造成疲累。因此，在醫學上，視為對孕婦加諸非生理的侵害。

經常有人會問：「那種旅行才算安全呢？」旅行所受的影

是，往中小城市或鄉下，自用轎車為主要的交通工具乃是實情。因此孕婦發生交通事故的事件相當多。

母親為了日常生活的方便，對胎兒加諸無必要的振動不可謂造就良好環境。

因為沒有充分的休息時間，影響是很可怕的。因為振動的原故，不僅運動和休息的規律節奏會被破壞，以目前的交通情況，會使駕駛車子的孕婦精神緊張。使人擔心對胎兒會有不良影響。

因此最好不要自己駕車，而以搭先生或家人的便車為宜。

不穩的自行車，不管自己有多大的信心也絕對不要騎。摩托車更是響因人而異，不能一概而論。健康孕婦稍做旅行，經常有破水、流早產發生，不過，也有過度無理的旅行都難不倒的人。

因此，旅行的影響係孕婦的狀態（諸如子宮是否常有收縮的傾向、子宮頸管是否過於鬆弛、體力夠不夠等）與旅行中發生的物理振動的影響、精神問題、疲勞等綜合而產生的結果。

尤其當孕婦的身體有問題時，恐會招致不幸的結果，故要常與醫生連繫。如果獲得許可，但因事前的疲勞、振動的強度及時間、精神上有問題時，為了安全起見，應絕對避免。長時間坐著不走動加上交通工具的振動，會帶來很大的影響，故應避免長距離旅行。

倘若真的想去旅行時，最好是在懷孕五個月到七個月的妊娠中期進行。而且搭乘交通工具的時間越短越好。即使是平坦的高速道路也不應超過四、五個小時以上。

尤其不要參加團體觀光旅行。而以先生駕車旅遊時，每一、二小時應休息一下。

▲懷孕和上班

上班時，如遇尖峰時間，只要一小時就夠瞧的。錯開鐘點上班是一解決辦法。

若工作上需有很激烈的體力勞動、需長時間集中使用身心兩方面，如此用神經過度的工作，加上通車時疲勞，對孕婦、胎兒都不是理想的環境，應該避免。

24～27週（第7個月）的胎教

開始對母親的聲音有反應

◆胎兒的形狀　本時期體重達六五〇～一〇〇〇g，身長達三二～三六㎝。皮膚漸漸聚積皮下脂肪，膚色呈微薔薇色、滿臉縐紋。臍帶尚未完全扭歪，粗粗地連接著胎盤。

中樞神經系統方面，大腦也開始皺了，間腦已開始作用。開始萌發原始的感情。耳、眼、皮膚的末梢部位感覺不斷地在發達，甚至間腦的神經反射已形成。自律神經也開始活動。

大腦表面開始形成縐紋，同時出現電氣活性。但，表示左右兩邊的活性之同調性則尚無，仍屬無秩序活性的階段。一直要到妊娠十個月後，同調性才會出現。總之，本時期，基本的結構已完成，未成熟的機能也開始成長。在此時孕婦若缺氧或患糖尿病時，這些機能會成長遲緩、或部分停止成長，成為胎兒出生後的腦性麻痺或精神發達遲緩的原因。

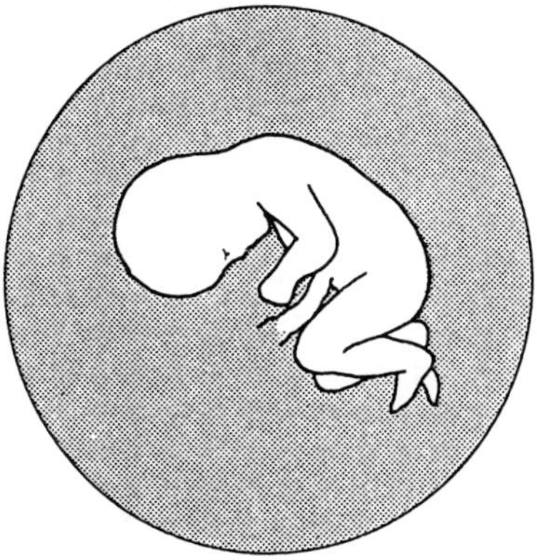

血液中免疫IgG值急速昇高，變成和母體血值幾乎相同。胎動和母體生活方式尚未明確表示同步調。

利用超音波來觀察，即使身體動作不大，也看得到胎兒顏面的動態、手部的動作及腳部動作等較緩慢的動作。對於來自外界的刺激，一般具有強烈的控制傾向，而沒有反應，即使母親聽聽音樂之類的，全然不會有受母體感情情趣影響的動作出現，心跳的變化未定。

另外，使胎兒直接感受音樂，不管音樂種類為何，在演奏中來反應，但演奏停止後，心跳也會暫時增快，身體還會動作。此乃表示透過耳的聲音刺激到達腦幹部，引起控制和反應。

此外，開口、吸吮動作經常可見，但呼吸運動尚不規則。

◆孕婦的情形　子宮高頂到肚臍上二～三㎝，腹部稍微突出。因此，直立時，重心會往前，為了調整此現象，背的作用加強，脊髓負荷加重，容易造成腰痛的原因。故應避免長時間的站立姿勢。本時期，尚未到達行動不便的地步，應積極地走動，運動一番。

因為子宮佔據整個下腹部，故會壓迫到靜脈，使下肢和下腹部浮腫，而在外陰部、下肢部位容易發生靜脈瘤。

此外，受荷爾蒙的影響，全身的韌帶與骨骼的結合部會軟化，腳跟等會感覺疼痛，手部難於握物，進而引發手腳發麻。體重也有明顯增加的傾向，漸漸有貧血的現象。

☆喜歡母親溫柔體貼的聲音

懷孕七～十個月，胎兒辨音的神經線路漸近完成。一方面，身體漸漸長大到可接觸到子宮壁。此時腹壁亦變薄，聲音容易傳給胎兒。究竟何種聲音可以傳給腹中的胎兒呢？

首先聯想到的是母親的聲音。根據日本醫科大學婦產科的室岡一教授之研究可知，在子宮內安裝小型麥克風，由孕婦對胎兒搭話，經錄下子宮內聲音的結果，媽媽的聲音也會隨同腹部大動脈的血流聲傳給胎兒。

胎兒在出生前就已在聽媽媽的聲音。不過，尚無記憶聲音

的能力，只能記住聲音的節奏和抑揚的方式。此事亦可由產婦把誕生後哭叫的嬰兒抱近胸前（目的在使其聽到母親的血流聲），溫柔耳語後會停止哭泣之事得知。此時，嬰兒在子宮內生活時的安心感會再度被喚起。對初到冷而刺眼的新世界的嬰兒而言，最高興的是聽到母親溫柔的聲音。

究竟腹中的胎兒聽懂外界聲音到何種程度？此可令新生兒聽聽多種不同的聲音，看看嬰兒的反應而得知。

室岡教授在研究時，利用子宮內血流聲、成人心音、節拍器來確定新生兒對聲音的反應。實驗結果得知，子宮內血流聲可以使哭泣的新生兒安靜下來（五五人中有四七人）、成人心音與未聽時無多大差異。但聽到稍微高者的節拍器聲音，多數的新生兒會哭出來（五二人中有四一人）。即是說，新生兒分辨聲音的能力，早在胎兒就已具備了。

然而，並不是每一個新生兒一聽到較高的聲音都會哭。如果母親屬高者，嬰兒就會習慣那種聲音，所以不會表現出不愉快的表情。這是胎內的經驗，但與胎兒出生後的人生經驗息息

▲子宮內血流聲音

連接子宮的腹部大動脈的聲音。胎兒整日都會聽到此種血流聲。其音域在五百～二百五十赫茲，幾與母親的聲音相同。

相關。在肚子裡的時候就一直聽到母親溫柔聲音的胎兒，在出生後，聽到母親的聲音會有安全感，表現出友好的表情。看到這種情形更加深母親的感情。母子間的羈絆也是透過聲音從妊娠末期緊緊相連在一起。

☆胎兒在睡眠中成長

孕婦隨著肚子變大，漸漸不易成眠。尤其是在初次懷孕時，側睡時，腹中的胎兒也因母親體位的改變，為了配合而採取舒適的姿勢，動得比白天厲害。此為導線，有些媽媽常會想起還有三個月就要生產的事或分娩後的育兒種種，而無法成眠。

懷孕期間睡眠相當重要，孕婦睡得安穩，其間位於腦中的腦下垂體會漸漸製造成長激素，以供胎兒成長的需要。而且孕婦本身疲勞的身心也可恢復，也是貯蓄翌日能源所需的重要激素。為了增加成長激素，懷孕期間的睡眠應比平時更充分。

如何才能熟睡呢？茲就從懷孕五個月起為睡不著而煩惱的

F太太之安眠法進行介紹。

每個人都有易入眠的體位。F太太的習慣是正躺呈大字形睡覺。但隨著懷孕週數的增加，正躺睡覺會有壓迫感而感到不舒服。不得已只好改成側睡，但因腹部會傾向一方而睡不好覺，每當半夜一翻身就會睡不好。而且要調整到下一個睡眠的姿勢相當費勁。因此我為她想到了一個好方法。

我想到有一位助產士說過：睡不著的時候可以使用「腹枕」。立即把一座墊對折，固定在大而突出於前的腹下，結果感覺很舒服。不久，F太太試著於側躺時，在腳與腳之間、手腕下方等，固定了各式大小的枕頭二～三個。

配合當天睡覺的姿勢，到處變換墊枕的位置，我笑稱其係取決於F太太式的睡眠姿勢。把枕頭墊在腹下、腳間及手腕下等處，以獲舒適乃是物理療法。

從前有句話說「愛睡覺的孩子長得快」，還把懷孕期間稱作「睡眠充足的親子長得快」呢！因為大肚子而為睡不著所擾的人，應該設計出適合自己的方法，睡眠應充足。

超音波斷層掃描畫像

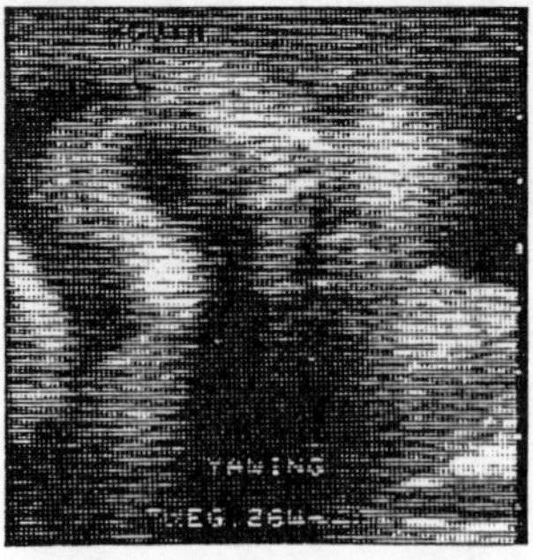

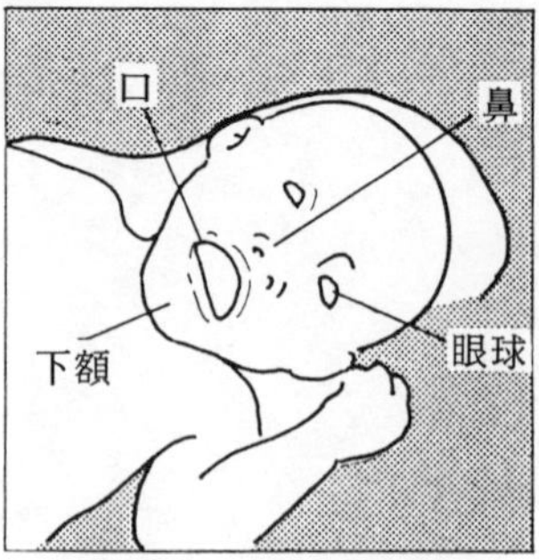

26週2日　像打哈欠一樣的開口運動

打大哈欠的同時，喝了一大口羊水。

第五章
母親用體貼的心去培育胎兒

28～39週（妊娠後期）的胎教

胎兒漸漸成長成人。同時已經在母親的肚子裡，開始體驗人生。現在就讓我們一同來探討生產、育兒的問題吧！

28～31週（第8個月）的胎教

開始培育寶寶的心

◆胎兒的情形　本時期胎兒身長達三十八～四十一cm、體重達一一〇〇～一七〇〇g。

此時體重雖重達一五〇〇g，但因身體尚未完全成熟，誕生後很難靠己力存活下來。呼吸運動尚不規則，肺胞也尚未廣佈。廣佈肺胞的表面作用劑之物質必需在懷孕八個月末期以後才會逐漸大量製造。應小心預防早產。

胎兒的血液和大人相同，亦是骨髓所造的。

懷孕三十週以後，會發現胎兒身體、手腳的肌肉筋繃緊，肌肉漸能維持緊緊收縮狀態。當體重達二〇〇〇g以上時，不再呈現鬆弛無力的狀態，而是已能把自己的身體牢牢地固定。

聽覺反面是正在形成腦部之反射弓的時期，母體日常生活時所引起的各種聲音、父母親的聲音都開始要到達腦幹部。

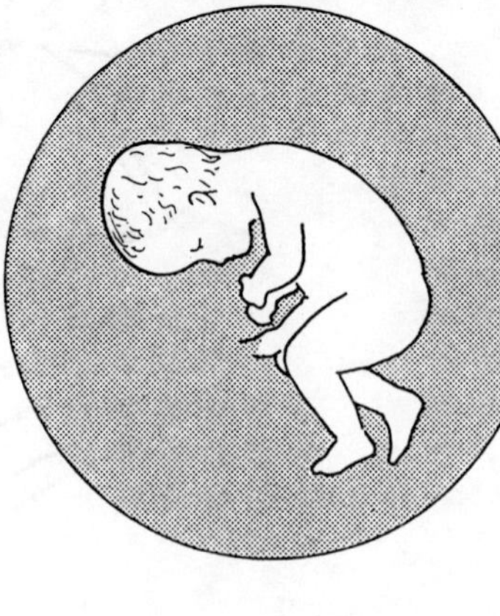

顏面完整。超過三十週後，睡眠和覺醒慢慢清楚了，也有打盹兒的時候。打盹兒時，眼球活動和呼吸運動等都有特有的狀態。新生兒在打盹兒的時候，可以見到如吸乳般、微動嘴唇的小動作。

本時期，胎兒經常會做打呵欠的動作、睡眠惺松的表情。睜開、閉上眼瞼、左右搖動顏面、吸吮手腕子與手指，尤其在孕婦空腹時，會一直吸個不停，張開嘴巴似有所求。

當給胎兒聽聲音時，可發現有控制胎動的傾向，當然心跳也會變化。孕婦情感的變化可分成不會反應到胎兒心跳的情形（抑制型）與會有反應的情形（反應型）。

到懷孕八個月末期時，眼睛對光開始有反應，瞳孔已會反射。

本時期，胎位漸固定。到二五、六週時，呈骨盤位（指胎兒的屁股朝下、頭部朝上）的胎兒幾近五十％，但會用自己的腳踢子宮壁而在羊水腔之中慢慢地轉成頭位（頭朝下、屁股朝上）。三十週以後，有九十％以上會呈頭位，之後也還會有五

～六％（此時一半以上會倒產）自然旋轉而從倒產變成頭位，最後會有四～五％是骨盤位分娩。

然而，本時期羊水減少了，伸直膝蓋的胎兒就無法自己變換胎位。

◆孕婦的情形　本時期子宮底會大到肚臍和心口的中間。在下腹部的皮膚上，會出現妊娠紋。還經常會發生腰痛、腳跟浮腫、不利行走、腿肚子抽筋等現象。此外，本時期以後，容易引起浮腫、患高血壓、蛋白尿、糖尿病、體重會直線上昇等等。

此時，孕婦可以用手透過腹壁撫摸胎兒（為了使胎兒筋繃緊）。因此，可知肚子柔軟時，胎兒是頭朝上或朝下，而用腳踢時，為屁股方向，只要稍加注意即可知。

此外，胎兒的動作逐漸與孕婦生活的節奏相配合。當孕婦激烈動作時，胎兒的動作也很激烈。而在就寢前，休息時，還會移動。在工作與工作之間突然動了起來，有時會把孕婦嚇一跳。

本時期，胎兒已完全是一個人。即使早產，但只要沒有先天性異常和胎兒病，一般都會活下來。

但是，往後為各種機能真正成熟的時期。這是胎兒出世後跨出第一步時的重要的基礎，出生後，經歷此成熟的過程中，來自外界的各式環境會成為異常強烈的刺激而相當辛苦。

此外，中樞神經的發達也非常重要。在胎內安心發育的胎兒與在保育器中的早產兒之間，具有很大的差距。

另外，對孕婦而言，妊娠八個月起，負擔會變大。日常生活也會慢慢變得行動不靈活、容易疲勞。睡時也不能仰睡，否則子宮會在迫下大靜脈而使血壓降低、胸部苦悶、冒冷汗。

本時期是容易浮腫、腳抽筋、貧血、妊娠毒血症及異常出血等各種併發症最容易發生的時期。

腹中胎兒的動作變強大了，聰明的孕婦，用手撫摸腹部就可知道胎兒頭部、背、屁股及腳的位置。有些孕婦還會因「胎兒在肚子裡打嗝兒而擔心困擾」。當孕婦血液中的糖分變少時，胎兒會不斷地吸吮著手。孕婦吃飽後，盛行呼吸運動。

你是否已經做好生產的準備了呢？

☆妊娠毒血症會使胎兒身體弱

懷孕二十七週時，每月要做一次定期檢查，到了懷孕第二十八週時，每二個禮拜一次，其後三十六週起，每週一次。這是怕妊娠後期孕婦感染毒血症會對胎兒帶來不良影響，而期能早發現早治療。

感染妊娠毒血症時，孕婦的腎臟、肺等會被感染，進而胎盤也會被破壞，故會引起早產兒、胎兒假死、胎死腹中。原因是胎盤發生障礙（胎盤浮腫、組織發生變化），血管會變細而使血液流量變小，結果無法供給胎兒營養和氧氣所致。

妊娠毒血症的主要症狀為浮腫、蛋白尿及高血壓。

浮腫是因懷孕後，血液中的水分量增加，溢出毛細血管外，滯積在皮下組織之間而產生的症狀。

到妊娠後半期時，體重每週增加五〇〇g，每二週增加一

▲胎盤的位置

胎盤的位置用超音波斷層裝置可輕鬆易見。子宮內的胎盤位置因人而異，附著於子宮底部、子宮前面、後面或側面，以避開子宮口而位於上方的情形居多，但少數胎盤會覆蓋整個內子宮口，有時附著的位置很低而達內子宮口就被稱為前置胎盤。

胎盤係隨著胎兒的發育而增大，在妊娠末期時直徑達十五～二十㎝、中央厚度二～三㎝、重達五〇〇g左右。

km乃生理現象，倘若過度增加，腎臟機能會欠佳而導致浮腫。

幾乎所有的女性在懷孕期間都會感到浮腫，不過，一般都是傍晚發生，但翌早就會好了。若是從早上就有浮腫現象，則就算不是定期檢診日也需要去做檢查。蛋白尿，因定期檢診時，一定會檢查尿液，所以只要好好接受檢診就可獲知有無染患。

此外，在每次的定期檢查都會測量血壓。自己應先知道健康時的血壓，在妊娠末期，收縮期（上）三十、擴張期（下）十五以上，比平常還高時，就要加以警戒了。

對胎兒有重大影響的妊娠毒血症，能預防是最好不過了。因此，孕婦必需接受定期檢診，同時必需注意飲食和安靜。日常的飲食上，需控制鹽分、熱量高的油炸食物、甜食及米、麵包等主食不要攝取過量，應多吃蛋、牛乳、魚、肉、大豆製品等良質蛋白質，此外還需考慮營養均衡。

安靜的作法，一天睡八小時以上，上下午至少各需橫躺一小時左右最為理想。此種橫躺的方向也是為寶寶而設計的。

因為如果採取仰睡，則會壓迫到子宮背側上下移動的血管

▲前置胎盤

在懷孕十二～十八週時，胎盤的位置約有一半是在子宮的下部，向著內子宮口。而且隨著妊娠週數的增加，會漸離子宮口，其中也有妊娠三十週還向著子宮口，處於低位胎盤或前置胎盤的狀態。但到妊娠三十二～三十三週時就會移動，一般不需提前診斷。

在懷孕中期左右，胎盤位於下方，但只要不發生出血或子宮收縮就無需擔心。

但，在胎盤尚未移到上方之前，日常生活應小心。胎盤未向上方移動的理由被認為與流產有關，或因感染而使胎盤和子宮壁癒著之故。所以自妊娠初期就應預防感染。

在懷孕三十四週以後仍呈前置胎盤的人，為不使子宮發生嚴重的收縮應嚴禁性交，以保胎兒平安。如有少量的出血

（下大靜脈）而使得下半身的血液無法完全回到心臟，除了會造成孕婦血壓下降外，同時會阻礙胎盤的血行，而無法運送大量的氧氣給胎兒。為了寶寶的著想起見，最好是採取左右側向睡覺。照過超音波而得知胎盤位置的人，亦可使胎兒免於壓在胎盤之下。

但，有工作的孕婦，因工作忙碌而未去定期檢診、容易積勞、外面搭伙的機會多等等，有很多易患毒血症的要因。

為顧及胎兒，請同事一起幫忙，務必要做定期檢查。且在工作中不要爬高，休息時間橫躺等，不要積勞方為上策。

此外，在外飲食常會有鹽分攝取過量的傾向，故盡量自己做便當較好。如果是非在外邊吃飯不可的上班族，在飲食上需自行注意，例如吃麵類時，不要喝湯而改喝牛奶，如果要加調味料時，只要澆上檸檬汁即可。

妊娠毒血症是只要孕婦在生活中多加注意就可充分預防的疾病。

現象要立即住院，以防大出血。

胎盤覆蓋在內子宮口的部分或全部，以剖腹產最安全。但若近內子宮口之低位置，沒有出血或少量出血時，利用人工破膜使早期破水亦可進行普通分娩。

☆好吃懶做的媽媽會使爸爸對小孩生厭

懷孕八個月後，子宮會提昇到孕婦的胸骨下。大肚子越發醒目。因此變得什麼事都懶得做，而容易變成好吃懶做的時期。

受此種好吃懶做方式影響最大的，是即將為人父的丈夫。不少人感嘆道：經歷轟轟烈烈的戀愛，最後好不容易結婚了，也將有個期望中的寶寶，但最愛的人卻一百八十度大轉變，昔日面貌不再……我料想不到竟會變成這樣。

做先生的，最常埋怨的是，不再早起為他準備早點。此外，常以肚子大為由，叫你拿這拿那的。還有衣著邋遢等等。

購買孕婦裝時，會抱怨「反正穿什麼都不好看、不相稱」，簡直就忘了打扮為何物了。

雖然肚子變大，但仍有相稱的打扮方法。即使不買新衣服，只要自己巧思下工夫，例如利用丈夫的運動衫或其大襯衫等，就能享受打扮的樂趣。把先生的運動衫當做孕婦裝來穿，把回家的先生嚇一跳的俏皮樣，說不定會使生活常保新鮮樂趣。

髮型方面不要一成不變，有時可在前髮變個造型．長髮時可像女學生般編個辮子偶而上美容院整理頭髮，或許對緊張的心情會有幫助。

不過，孕婦也不應過度忙碌和勞累。但是，缺乏對丈夫的體貼、缺乏豐富自己的生活作風，專心於將來的大事——「生產」及「育兒」，能否可養好小孩可沒有把握。

如此一來當然得不到丈夫的照顧和幫助。更何況，先生因妻子的改變而失望，甚至不想要小孩時，問題就大了。

總之，父親不易像把胎兒抱在腹中的母親那般，湧現生小孩的實感。而培養出為人父的心地仍需藉助妻子的言行。

在成為母親的途中，不要說自己已非女人，照顧每天的生活仍是重要的事情。

☆胎兒憑五種感官來感覺母親

懷孕第八個月時，胎兒的動作非常活潑，這可由孕婦肚子的變形獲知。

此時胎兒體重已近達二〇〇〇g，身長也超過四十cm，故母親的子宮對其而言，嫌小了些，經常會想把手腳伸展一下。

本時期，胎兒不僅僅只是身體變大，連出生後必備的五種感官都極為發達了。

首先是聽覺。先前亦曾提過，但完全完成是在妊娠第八個月。只要是通過腹壁的聲音，不分高音或低音都聽得懂，而且均有反應。藉由超音波畫像觀察，當父母溫柔地對胎兒說話時，可從胎兒動作的明顯變化想像其聽到聲音。另，比起父親的聲音，母親的聲音經常從子宮內外傳給胎兒。

接著是視力。腹中的胎兒已具備視覺能力，這可由從腹部外側照射強光時，會有想避開的反應（因網膜、神經系尚未成熟故僅感受到明暗）而清楚得知。

再接著是嗅覺和味覺。腹中胎兒具備有何種程度的味覺能力，尚不清楚。但，給新生兒母親的墊乳布和其他的東西時，其會把嘴巴朝向前者，由此報告可知腹中胎兒的嗅覺相當發達。另外把少許的檸檬汁和糖水等的東西塗在新生兒的舌頭上，從其會有反應（味蕾約完成於妊娠三個月時）得知，胎兒的味覺也是相當發達的。

最後是觸覺。胎兒的皮膚感覺（痛覺、溫覺、觸覺、壓覺）究竟如何呢?此由觸及懷孕八週左右時自然流產的胚子的上唇和小鼻部位會有反應，得知皮膚感覺從很早前就已發達了。

胎兒具皮膚感覺，在生產過程中具有重要的意義。胎兒在要誕生時，費了很長的時間離開母親的產道而出生。實際上，此時所受的皮膚感覺係透過脊髓而傳到腦部，對促進腦部發達上，極具重要性。

既然我們已經知道胎兒的五種感官如此發達，就應該盡力造就對胎兒有幫助的環境，同時開始溫柔地對腹中的胎兒說說話吧!而且，打這以後，所剩下的，短暫的妊娠期，對胎兒而言，還有許多尚需準備的程序。

☆給胎兒有個安寧的夢

有「昭和奇筆」之稱的夢野久作說過：「人類的胎兒在母親胎內的時候，夢見一個夢。」

夢的內容是，追溯到生命誕生前約三十億年前，從單細胞到魚類、兩棲類的一切進化的夢。

而且，腹中的胎兒突然踢著母親的肚子、搖擺著身體可說是胎兒做夢的反應。此外，剛生下來的胎兒會突然像做了惡夢般哭起來，或微笑（通稱天使微笑，原始反射動作之一），宣稱是夢見在胎內做夢的續曲所致。

有關此事的真假，很遺憾的，因為沒有人記得在母親肚子裡所做的夢，所以無法作定論，不過，的確在懷孕八個月時，腹中胎兒的睡眠出現變化。所知的是，樣子就像是大人在作夢時的情形一樣。

大人的睡眠也包括有熟睡和淺睡。當我們在做夢時，幼兒

和小學生在睡覺時，亂踢棉被的事是發生在淺睡狀態之時。經檢查我們在淺睡時的腦波，則知腦的部分以近乎醒時的狀態作用著。

有關腹中胎兒睡眠的方式，依據調查胎兒出生前二、三週時之腦波結果得知，的確也有熟睡和淺睡兩種。但是，睡眠的方式，大人和小孩稍有差別，而被專稱為第三睡眠。

睡眠的形式，新生兒生後三個月、八個月，隨著寶寶的成長，會慢慢地與大人的睡眠形式相接近。

嬰兒在睡覺時，唇會動，常做著吸奶時的動作，而用超音波來觀察腹中的胎兒時，發現和懷孕二十五週起，狀態相同，一直到懷孕末期仍經常可以看到。

最近，大人生活本身呈夜貓子型，一般的睡眠時間越來越短。據報告顯示：這對小孩也有影響。此影響及於腹中的胎兒時，胎兒就做不到快樂的夢了。孕婦的行動大多數會傳達給胎兒。為了使胎兒能夠安穩地睡覺起見，孕婦在懷孕期間應該要好好地睡覺，使身體休息才是。

▲胎兒的睡眠與腦波

懷孕七～八個月左右的胎兒，睡眠和活動是呈周期性的。且此時已出現有腦波，藉此可辨別睡、醒之間。

腦波係因腦細胞起作用而測得之電位的變化者，故在胎兒腦中，萌發稱為意識的東西，也可說是進行中樞神經活動。再者，在睡眠中之胎兒的腦波中，發現到表示類似於醒時之波形的淺睡。此乃胎兒在睡眠時也進行精神活動之謂。

對小孩而言，這可說是初懂事的時候，老實說，在腹中的這段時期，已經具有深層心理基礎的機能了。

☆喜歡母親的腹式呼吸

到懷孕第七個月末期時，胎兒體重超過一〇〇〇g，身長也有三十八㎝左右。子宮對胎兒來說，漸漸稍嫌狹窄。因此，利用腹式呼吸給胎兒充分的新鮮空氣吧！

有一說法是，進行腹式呼吸會分泌少許緩和心情的荷爾蒙。同時也會傳送給胎兒，而使胎兒的心情安寧。

腹式呼吸隨時隨地可做，在感覺有點疲勞時，靠著椅背坐下，把身子挺直，只要做個深呼吸就可使心情穩定不少。

正確的姿勢應該是稍微倚靠端坐（半坐位），全身不要用勁，把手輕輕地放在肚子上。首先，以闊大胎兒狹窄的房間的心情，從鼻子吸氣，使肚子大大地鼓起。吐氣時，嘴巴微張，慢而有力地，最後把體內的空氣完全吐出來。

腹式呼吸係吐氣時比吸氣時更要使勁，同時要慢慢地吐氣才是最佳的方法。切記動作不可相反。

每天要做三次以上，而且要持續以恆地做。早上起床前、午休、晚寢前，全身不使勁而以「我要給你新鮮的空氣喔！」的心情來進行。

熟練腹式呼吸法後，有助於緩和分娩時的陣痛情形。

☆用心準備嬰兒的衣物用品

腹中的胎兒雖尚未成熟，但會一直成長到能夠在肚子外生活之前。為了隨時迎接它的到來，必須預先備齊其所需物品。最近，每家百貨公司均闢有生產用品的準備部門，從尿布到內衣、嬰兒服、哺乳用品、棉被、嬰兒床，應有盡有。

的確，在購買嬰兒用品時，母親們均慶幸不必前往各處商店就可購齊。不過，現成方便的就一定好嗎？

在從前沒有現成品的時代，母親們邊一針一線地縫製產衣邊想著即將出世的寶寶，培養為人母的心情。此種與生俱來的母性愛也是受百貨公司「全套生產準備用品」照顧的人所不能

忘記的。

住在京都的A太太，在二十歲時就嫁做商人婦。A太太決心要自己為寶寶做衣服是在出嫁時母親交給她一件麻葉模樣的和服，告訴她這是她嬰兒時所穿的衣服，A太太在感激之餘所下的心願。

那是母親親手用一針一線仔細縫製完成的。A太太的母親還對她說：「我在縫這件衣服時，還一面對你說了一大串的話呢！你啊！非常地活潑好動，當我完成時，我對你說：『好了，讓你久等了。』而你好像在說『謝謝！』般，在我的肚子裡面跳動著。我永遠都忘不了那是我初次感覺到胎動呢！」

從那天起，A太太就下定決心要自己縫製寶寶的衣物。她以產院所交付的「生產準備用品」目錄為藍本，一面對腹中的胎兒說話，一面溫柔地唱著搖籃曲，開始一針一線地用愛心來縫製小衣服。

在著手之前，她接受了母親的各種建議。諸如「在縫製尿布時，要先用水洗過漂白並去漿，然後用日光曬乾後才使用」

▲設計嬰兒房

孕婦每日忙著生產準備品，因此想請父親設計嬰兒房。

想到目前的住宅情形，準備嬰兒專用的房間對多數家庭來說，有些勉強。嬰兒一天中大半是在睡覺中渡過。夫妻兩人應該設計出能夠舒適睡覺的地方。

嬰兒需要的是充足的陽光和通風。日光直射的地方應該要加裝蕾絲窗簾，同時不要使風直接對著嬰兒吹。

此外，在冬天時也需想到裝暖氣。石油爐對嬰兒不佳，不過大房間整天都開著電爐，電費也是很嚇人的。

父親應利用禮拜天，動手為嬰兒加裝新窗簾，以提高保溫效果等等，精心設計使寶寶能夠睡得安穩。

、「貼身衣物為了不使接觸嬰兒的衣面有粗糙的針腳，應採袋縫或翻裡作面」等等，都是非常有用的。而且母親還把舊浴袍拆開洗後，燙平送給她。告訴她說，舊浴袍比新的漂白布更適合嬰兒柔嫩的肌膚。

想必A太太腹中的寶寶在聽到母親溫柔的說話聲後，在心裡想著：「真想早一點穿上母親為我縫製的衣服！」

即使不能像A太太般，所有的嬰兒用品均自己做，至少邊對胎兒說話邊試著編製小襪子或帽子就行了。甚至只在成衣上刺些繡花，縫上鑲飾就足以傳達母親溫暖的心。而且，父親也一起幫忙是最好不過了。夫妻兩若能一面想像著有小孩後的生活，一面完成嬰兒所需的準備，何嘗不是件樂事。

☆夫妻兩人一起來培育腹中的胎兒

有些先生在獲知妻子懷孕時，會高興的難以成眠，一直到懷孕第四個月，當時的感激不知跑到那裡去……。

也有不少是高爾夫加麻將，同時接連幾天串酒館到三更半夜的丈夫族。太太埋怨道：「小孩又不是我一個人的，請你也稍稍想想我！」而吵了起來。

像這種例子不是我所想見到的。因為如此一來，孕婦經常處在很激動的狀態下，也會使胎兒無法穩定下來。

這可由超音波調查腹中胎兒的動作而得知。孕婦因夫妻吵架而相當激動時，胎兒也會經常做出奇怪的動作。

為何媽媽的情緒會傳達給胎兒呢？這是因為，在妊娠後期時，胎兒的腦中，控制本能的慾望與心動的間腦或稱為「舊皮質」的部分的配線已經開始作用之故。當孕婦的心情一紊亂，間腦的激素就會發生變化，同時透過孕婦的血液↓胎盤↓胎兒的血液而傳達到胎兒的間腦，經此刺激而使胎兒的行動發生變化。此種刺激不斷傳給胎兒，則對此刺激的反應，還會影響到孩子出生後。雖有例外，但性格格外不穩的小孩，經調查其妊娠中的家庭環境（尤其是父母的關係），經常會發現到夫婦不和睦的現象。先生的言行比母體生病更能影響到小孩，為人父者應自覺。

先生協助懷孕中的妻子，雖為間接性的，但丈夫一起加入培育寶寶的行列，藉此加強了夫妻間的感情。丈夫幫助妻子的方法，因每個家庭而異。有些家庭，先生的工作是下班便順便購物回來，也有人是負責棉被的收取與擦玻璃。

譬如，隔壁家的先生，每個星期天都會帶太太到外面打牙祭，兩人愉快地享受約會的樂趣，但我家的先生則無所事事……。因此要以「自家的方法」，讓丈夫參加胎育的行列。分娩後，對把母子、父子的關係緊緊結合在一起相當重要。

☆骨盤位（倒產）

妊娠二五、六週左右的胎兒，約有五十％是骨盤位，三十週左右時變少，約十二％。再者到了生產時，胎兒本身自然會移動，使頭部朝下。

因此，倒產的比例少到四～五％，骨盤位分娩比頭位更會

由於各種異常而引起分娩障礙，給嬰兒帶來種種的後遺症。

到懷孕三十週左右，孕婦本身就可以確定骨盤位。腹部不硬時，用手掌輕輕地按住腹部的每個部位。子宮收縮時，腹部不堅挺時摸不出來。此外，有羊水過多症時也難測知。手掌若摸到硬而大且圓者即為胎兒的頭部。若位於接近恥骨的下腹部即為頭位。

接著，輕輕按按左右側。柔軟不結實的，大概是胎兒手腳的腹側。像圓粗棒之硬長部分為胎兒的身體或背部。而與頭相反側也有稍圓而硬的部分即為胎兒的臀部。

胎兒在動的時候，由下往上推的地方是胎兒的腳部。此乃胎兒膝蓋一伸展，因無法踢故有此動作。因此，感覺在動的地方為屁股、腳的部位。

聰明的媽媽，以疼愛的心情，用手掌輕輕地按摸以確定胎兒的位置、胎位、身體的方向及各個部位，可以製造彼此間的親膚關係。為了改正骨盤位，必需知道胎兒為何不能靠己力從骨盤位變成頭位。

▲骨盤位（倒產）的治療法

一、胎兒的自行旋轉促進法

脫去腹帶，使腹部輕鬆一下。

首先，手腳著地，接著把雙手曲放於胸前，膝蓋打直，使屁股高於胸部。如此一來，子宮腔會稍稍變形，胎兒就會移動到子宮底側。然後孕婦要採橫臥位睡覺。上述一系列的方法，反覆數次。

從妊娠二十八週到三十四週時進行，近五十％會自己轉動。應與醫生仔細連繫。

二、醫生幫助的外旋轉（由外側操作的旋轉術）

在引進超音波以前，把骨盤位進行外旋轉，還在摸索的時期，因此，問題叢生，甚至在基於善意下給予幫忙，結果產生出血、早期破水、胎兒死其原因有二：

一是，有妨礙胎兒自行旋轉的條件發生時。即是說，使子宮腔內發生變形的胎盤的位置、前置胎盤、子宮肌腫、雙角子宮、重複子宮等之子宮畸形或羊水過少症。

另與妊娠週數的胎兒和羊水腔大小關係也是問題。胎兒大小和羊水量會發生生理上的變化，懷孕超過三二週時，胎兒所處的空間，相對的會慢慢變窄。這也是阻礙的條件之一。

另一個是胎兒本身的姿勢。在如此狹窄的環境中，常會有膝蓋伸展後就不能彎曲的情形。因此，就不能自行踢動，無形間，空間就慢慢變狹窄了。因而，要在胎兒能夠自己旋轉的時候給予幫忙，但時間上，又因胎兒周圍的條件而有所不同。

一般來說，在懷孕三十週左右最為適當。若延至三五、六週左右時，效果不彰。有子宮畸形成腫瘍時，要從懷孕二五、六週起，進行促進胎兒自行旋轉的方法。如果羊水量多時，雖近預產期，但胎兒的位置仍會橫位、斜位、頭位、骨盤位，沒有固定。在此種情況下也有效果。

亡等問題。因此，迄今還有很多完全不行外旋轉的醫療機關。

但，選擇時期（妊娠二九～三四週），且如果在子宮沒有收縮時，可以使用超音波仔細掌握子宮腔及胎兒、胎盤、臍帶的狀態、並在不會引起障礙下進行外旋轉。

外旋轉不可隨意而行，需在專業醫生指導下來做。接受治療的人，要先使腹壁柔軟，不要使勁及緊張為前提，也是成功與否的關鍵。請事前和醫生仔細商量。

選擇醫生要慎重。身體條件不佳時，應避免貿然行之。因為雖為骨盤位，但也有很多可正常分娩的例子。各位，把妊娠、分娩視為一系列的問題，同時以平常心來對待骨盤位，不要胡思亂想才是重要。

☆骨盤位分娩

沒有嚴重的異常，不是極小的未熟兒（二〇〇〇g以下，特別是一五〇〇g以下），即使是骨盤位也能自然分娩。

因思及胎兒在骨盤位分娩的過程中所發生的嚴重缺氧，故美國以進行剖腹生產的醫療機關居多，但在日本，產婦依照醫生的指導，好好地對付分娩，同時在醫生適當的處置下，正常分娩的例子很多。

在此種情況下，醫生的責任真的很艱巨。為了確保隨時會發生驟變的胎兒的安全，醫生必需要一邊監視胎兒的狀態，一邊調整到隨時可行剖腹生產的情形管理分娩。

但是，若有骨盤狹小、前置胎盤、反屈位、脫臍等，胎兒或孕婦方面的問題時，就一定必需進行剖腹生產。

在日本，骨盤位剖腹生產率，因醫療機構而異，不能以一概全。

32～35週（第9個月）的胎教

為產後的胎外生活做準備

◆胎兒的情形　本時期胎兒身長達四二～四六cm，體重達一七〇〇～二四〇〇g。

此時胎兒已開始附有皮下脂肪，皮膚亦變成玫瑰色。五官已完全形成，表情很豐富，眼睛會睜開、閉合，眼球會動，頭會左右旋轉，手會在面前動來動去。頭髮也長了一～二cm，手指腳趾覆有指甲。

本時期胎兒每天要喝約五〇〇cc的羊水，排約五〇〇cc的尿。

腦部尚未完成的部分也漸漸成長，所以對於外部的刺激，不只是整個身體會反應（驚嚇反射），還會以臉部的表情表現喜惡。這就是培育胎兒心靈的證據。利用羊水鏡來觀察胎兒的表情，經常可看到喜怒哀樂的表情。

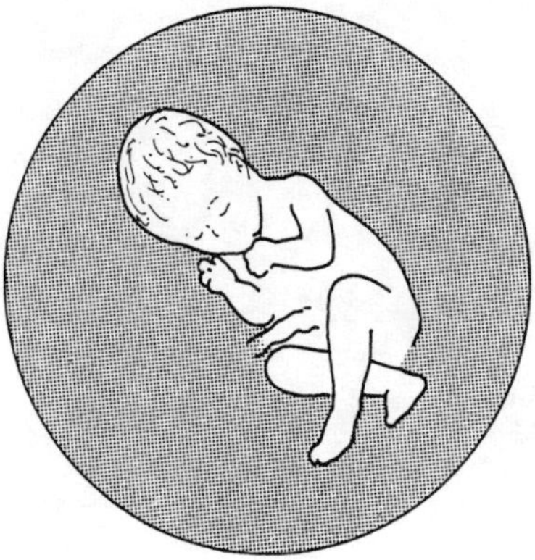

在孕婦空腹時，位於臉部附近的手腳或指頭、臍帶、胎盤、子宮壁等及頭部動得厲害，想要把與嘴巴接觸的東西都吸進去。

在懷孕第九個月末期，自己會把手指塞在口中。這被視為隨意運動的開端。另外，在吃飽後，呼吸運動急促，且慢慢地變規律、變大。

懷孕三十～三五週，為大腦的下腦幹部的機能發達期。把胎兒當作接受有機的中樞神經系控制的一個體，形成胎外生活所需必備的基本機能。

呼吸用的中樞控制、肺機能的成熟、表面作用劑的產生、攝取營養所需的機能之成熟、聽覺、視覺、味覺、觸覺、痛覺等各種感覺與腦幹部完全結合在一起，進而開始形成與部分腦皮質的聯繫。

雖然本時期起，有對胎兒積極地給與各種強烈的刺激，以發達胎兒中樞神經系的機能的社會風潮與動向，但因不是知識能夠完全解答的領域，胎兒的將來、人類的未來等相關問題，故需慎思處理。對於機能未成熟的胎兒而言，增加多餘的刺激，需從今後的二個月進行，以防止中樞神經系的發達與成熟所需的遺傳程序遭破壞。

胎兒對外界聲音有反應是在本時期，但不是像大人般之認識反應。因此在往後二個月的胎內生活中，中樞神經系必需更成熟，而且在出生後，還必需花費長時間來學習。

為了胎兒著想起見，與其使其聽來自外界的複雜音樂，不如在安靜舒適的家中，聽聽雙親的對話、日常生活的聲音，雙親充滿感情的聲音，對胎兒影響最好。

如果在此種環境下培養胎兒，其出生後對於他人的聲音和雙親的聲音會有不同的反應。

◆孕婦的情形　本時期，腹部隆起變大，子宮底頂到胸口附近，故而壓迫到胃，而無法一次吃很多東西，體重有快速增加的傾向。因胸部有被往上推的感覺，身體很難前彎，活動不方便，特別是在上下階梯時。走路時容易絆倒，故應小心慢步。

M太太現懷第二胎。三歲的和子非常高興她就要做姊姊了，時常把耳朵貼在母親的大肚子上，對胎兒說：「小明，趕快出生，好一起玩耍！」M太太在懷孕七個月時就去照超音波，知為男孩故決定命名為「明」。

和子已經耐不住，想要和弟弟一同玩。而且，在和子幼小的心靈，擔心媽媽的肚小裡面非常地暗，覺得弟弟很可憐。子宮真如和子所想的，是一個沒有亮光的地方嗎？

從妊娠初期到中期，外來的光線穿不透腹壁和羊水，故子宮內非常的暗。根據實驗，即使照射手術室用燈的強烈光線，子宮內還是很微暗。因此是個不適合用眼睛看物的地方。

雖然如此，胎兒的眼睛是在妊娠初期形成的，約到八個月時，就會感光但實際上是用腦來感覺明暗了。

到了妊娠九個月，從孕婦的腹部上方照射強光，為了躲避強光會背過臉，同時閉上眼瞼。在母親腹中的時候，胎兒的視覺神經或網膜均尚未成熟，故強光過於晃眼，對胎兒而言，是一種不舒服的刺激。光線微弱時，眼睛眨呀眨的，興趣十足地

▲子宮底的位置

子宮的形狀像一倒懸的洋梨。頂端的部分，即子宮的最上方為子宮底。

子宮會隨著胎兒的成長而漸漸變大，子宮底的位置也會逐漸上昇。最高點是在九個月時。此時上昇到胸口附近，會壓迫胃。

即將臨盆時，胎兒為了作好出生的準備，會下降到骨盤腔，子宮底會變低，也不再壓迫胃部了。

看到明亮的地方。只要光線不過於晃眼，會使胎兒的腦部具明暗的節奏，反而可促進腦部的發展。

不過，用光刺激胎兒，並不是會生出頭腦聰明的小孩。對胎兒來說，喜歡的明度是只要能夠穿過母親腹壁的微光即可。所以孕婦應在好天氣時多多外出或是到公園漫步。同時，把手輕輕地放在肚子上，溫柔地對胎兒說：「今天是好天氣喔！」適當的明度加上母親溫柔的聲音，對即將出世的胎兒來說，是一種舒服的刺激。

☆孕婦的飲食

腹中的胎兒達二〇〇〇g左右時，孕婦的行動不便到了極點。距離胎兒誕生之日將近了。不過，往後應注意不要過於肥胖或便秘。

懷孕九個月時，子宮底上昇到肚臍附近，壓迫到胃部而無法一次吃很多東西，故行少量多餐。飲食不限每天三次，但和

▲限制飲水

懷孕二十八週以後，下肢逐漸出現浮腫，早上起床時，手不易握緊，手腳、手指會感到麻痺，這就是體內滯積過多的水分所致。以每週增重五〇〇g以下、減少下肢浮腫為目標，限制水分的攝取。

牛乳、水果含有充分的水分。茶、水、湯、果汁、麵湯等也是水分。即使打算限制飲水，但仍能多喝牛奶及吃水果。

害喜時相同，也把點心認為是飲食的一部分。

又，到了妊娠末期，消化器官的機能不良，容易便秘。此時應多攝取根球類、海草類、纖維多的蔬菜，以防便秘。用植物油炸甜不辣，食物加檸檬汁食用等，在飲食上加以巧思。如此對營養的均衡、消化均有幫助。

雖然大便不通暢，但妊娠末期絕對禁止使勁，以防發生早期破水而使胎兒早產。久治不癒的便秘，在檢診時請醫生開通便劑也是一種解決方法。

胎兒開始慢慢地下降到骨盤中，胃部獲得紓解，食慾也恢復。往後，開始正式為分娩所需的體力而準備。本時期，可行少量多餐，但需注意不可攝取過量。

☆上班族的產前休假

妊娠期間仍持續工作的人，從這個月（產前六週）要請產前休假。對夫妻一起工作的女性而言，是多年一次的長假，是

▲靜脈瘤

妊娠末期，容易發生的除了便秘和外痔，還有靜脈瘤。

因各人體質而異，下大靜脈與骨盤部的靜脈等因被子宮壓迫，使得外陰部、膝的裡側、腳脖子等之靜脈，浮腫起青筋的即為靜脈瘤。經產婦常會發生，有時會隨著子宮的擴大而越嚴重。晚上睡覺時，把腳抬高，避免長時間站立，有靜脈瘤發生時，適當的運動，並把下肢由下往上圍繞布可減輕症狀。

一般說來，靜脈瘤在產後會自然消失。

但是，其中在分娩後，靜脈裡會形成血栓而變硬，有時會疼痛，但大部分無需動手術就可治癒。

為了胎兒所做的充分休息，而期以最佳的身體狀態來迎接生產日。

產前要做的事情很多。尤其是產後仍繼續出外工作時，必需事先和先生妥善商量寶寶的托管處。

在公立托兒所附近，如果能夠直接進入公立托兒所，則在設備、環境及費用方面最為理想。但是，目前大多數的地區，接受人數有限。加上，申請者限嬰兒出生後，同時受托者也是出生後六個月以上，八個月以上或一歲半以上，因各地而不同。

全指望公立的話，產假結束（一般為產後八週以後）就恢復上班，大多相當困難。多數的母親必需不斷地打聽何處有代照料小孩。公立以外獲得許可的私立托兒所，在設備等方面，沒有極大差異，同時在無照的托兒所中，規模雖小但也有理想的地方。

總之，因狀況、地區而異，故先向最近的市區鄉鎮公所或福利事務所詢問即可。

然而，在無照的設施和寶寶旅館之中，設備與制度不齊備

之處也不少仍是事實。因此，不管保育人員如何為我們照料寶寶，但心裡總會有牽掛和不安。為了想為寶寶找個好環境而傷神。建議您不妨和鄰居多聊聊，或許可以得知一些好的托兒所和寶貴的智慧。

對無照托兒所不放心，保育媽媽又忙不開，而想到要托附近的人，但找起來也是很辛苦的。可向地區公務員或附近認識的人問問，是否有適當人選。但是，最近保姆越來越少了，所幸能找到委託人時，必需預先把費用的問題談妥。延長托管時間時，當然也要支付該部分的費用。如此，雙方的關係才能夠良好的持續下去。

還有一方法就是請奶奶代為照顧，尤其是和婆婆住在一起的時候，說不定是最無顧忌而能安心托付的方法。

但是，太過依賴老人家又如何呢？想想老人家今後的人生，如果是以照顧孫子渡餘日的話，稍覺可憐。而且，寶寶會漸漸長大，變得愛動，有時會使老人家束手無策。

因此，到未達托兒所照料年齡前，沒有其他辦法，只好請

▲產前產後的休假

依據勞動基準法，孕產婦在預產期前六週和產後八週有休假，且薪水照付。呈請書格式因公司而異，請與負責人商量。

此外，產後休假方面，非正常分娩時，懷孕四個月以後的流產、早產、死產、人工流產也適用。

產後的育兒上，母親經常陪在嬰兒旁邊，並用母乳進行哺育的工作，這不僅是為了嬰兒的身體發育著想，也是為製造形成人的基礎，而母親是最佳人選。

因此，採產後一年內為生育休假的工作單位也紛紛出籠。雖為相當令人高興的制度，但仍只是小部分的工作單位在進行。期盼不久就能普及。

婆婆代勞，之後還是要送到托兒所，而不要把小孩硬推給奶奶看顧。而且，事後也要好好地謝謝婆婆。

總之，把寶寶託人照顧而去上班，會對小孩有某種內疚感的人，為了能夠安心繼續工作，事前花時間去調查，尋找能夠信任的保姆或托兒所可說是第一要件。

而且，在夫妻兩人都上班的情形下，最重要的是，為人父者到底對夫妻共同工作認識多深。

如果只是為了金錢而叫妻子去工作的話，女性在身心兩方面的負擔豈不過多嗎？如果是認同女性的人格，支持她獨立作個職業女性的話，共同工作就能夠很順利。而且，育兒也不會因共同工作的關係，而能順利進行。

☆妊娠末期的危險信號

妊娠末期的危險信號有出血、下腹部痛、痙攣和意識障礙、破水等。出現上述症狀時，應即刻接受醫生的診察。

一、出血

預產期前後少量的出血為分娩開始的徵候，大多數人會因子宮不規則收縮引起輕微的腹下部疼痛。

此乃由於子宮頸管部的縮短或軟化而擠出子宮頸管的粘液，引起卵膜和子宮壁的脫離而出現少量的出血，這表示可以開始準備生產了。

但，此種症狀若在妊娠三十七週以前發生的話，為早產的徵候，所以必需接受診察治療。

妊娠末期激烈的性交等，會使膣內的非病原性菌活性化，通過子宮頸管而在子宮內發生炎症，引起卵膜炎等，並會引起出血或破水而使子宮收縮。妊娠末期在性交時，應考慮體位問題，且動作盡量輕微。被認為像是早產或分娩開始徵候的出血，量少且非鮮紅色，只可說是像經血般，顏色稍微暗淡。大部分是在事前有不自覺的子宮收縮現象。又，輕微的性交也會有出血的現象。

流出的鮮血或血塊量在中等以上時，請立即與家人到醫院。不管下腹部有無絞痛感。如下痢般時，發生大量的性器出血時，可能是前置胎盤，大多需要進行剖腹生產及輸血等。

外陰部或膣內的靜脈瘤破裂也會有大量出血的情形。此時簡單處理即可止血，故請掛急診。

胎盤位置雖然正常，但突然剝離，也有使與子宮壁之間發生大出血症狀。此稱為常位胎盤早期剝離。原因以妊娠毒血症最多，其次為外傷造成。此時，即使性器出血但量少、腹痛、因急激的內出血而休克。必需進行緊急手術。

DIC（播種性血管內凝固症）係大出血後，體內血管的血液阻塞的症狀。這是相當嚴重的疾病，常會引起孕婦死亡。

二、下腹部痛

即使是輕微的下腹部痛，但若具週期性，則可能是因子宮收縮引起的陣痛。如果有少量出血或破水症狀則會早產。為了不要產下早產兒，應立即接受檢查。

劇烈的下腹部痛為伴隨痙攣性子宮收縮的常位胎盤早期剝離。劇痛持續、冒冷汗、臉色蒼白、像要暈倒。此時有可能是患了妊娠毒血症。

另外，因汽車事故、腳踏車翻倒等而使腹部受到強烈的打擊後，可能會引起胎盤早期剝離症狀。輕輕的撞傷，幾乎沒有症狀，但數小時後，就會發生劇烈的腹痛和休克症狀。初期會有極少量的出血症狀，但隨著時間的經過，出血部位變廣，最後整個胎盤會剝離，相當嚴重。所以，駕車時要謹慎。

三、痙攣和意識障礙

有些人雖然沒有羊癲瘋，但在妊娠末期、分娩中或產褥期、意識變薄弱，會有痙攣症狀發生。

此乃稱為子癇的妊娠毒血症的激烈症狀，係由腦部浮腫而引起的。一般不是突發症。事前全身會浮腫、患高血壓、尿少，經檢查尿液後，發現會排出蛋白尿。

從前的人，認為在產前有浮腫現象是很平常的事，是完全不對的。浮腫只限於下肢則無礙，但若遍及全身，則會因眼底浮腫造成視覺吃力，腦部浮腫會發生意識障礙和痙攣，如果延及胎盤和子宮筋的話，會造成常位胎盤早期剝離。此時必需即刻入院，還要加以治療，並迅速完成分娩。

住院期間會變長，要想痊癒頗需時間，再者還會有妊娠毒血症的後遺症。

四、破水

在不自覺中，弄濕內褲，雖全無尿意，但排出水般的排出物，或突然由膣腔內排出水狀物，破水的情形各式各樣。

在預產期前後，分娩係因破水而發生時，腹部變硬，子宮收縮，但在預產期之前，即在妊娠末期時，肚子不脹，有時會是破水現象。

發生破水時，膣內細菌等會移到子宮內，當然會發生胎內感染，因此會引起胎兒的感染、異常等，不可置之不理。此時必需立即住院，以防感染和早產。

最近，破水後經種種的補救及治療可防早產，並可延長胎兒在胎內的發育期間。但是，破水後，也不要勉強拖到預產日。而且破水後嚴禁性交。

破水的原因包括有上行感染、頸管鬆弛症、舉重物或不適當的勞動、快速的上下階梯、強烈的性交等。

妊娠中期後的日常生活，應小心。此外頸管鬆弛症，在妊娠期間的定期檢查可輕易診斷出來，經治療後可預防破水。

☆高齡生產

一般說來，適合妊娠、分娩的年齡為二五歲左右，初次妊娠若在三十歲以上時，分娩時常會發生各種異常症狀，所以高齡初產不為提倡。

但是，最近在三十歲以上，三五歲前後，初次懷孕的情況不在少數。在女性進入社會逐漸增加的現代，這成了司空見慣之事。其中，也有過了四十歲才第一次生產的人。但，並不是像一般所想的，盡是難產之人，正常分娩生下健康寶寶的人亦不少。只是，在此種情況下，分娩時間會明顯延長。此乃因產道鬆軟、子宮口、膣腔、會陰部比年輕人較不易伸展，較為緊張之故。因此，比年輕產婦，有更多需進行吸引分娩、鉗子分娩，且會陰裂傷、膣壁裂傷的機率也會增加。

女性到了三五歲以上，大多會變肥胖，一年一年地老化，子宮肌腫增大，卵巢中的卵子也易引起染色體異常，因此，一過了四十歲，流產的機率也越高。

再者，高血壓、糖尿病、腎變病等發生的機率變高，妊娠中期以後，易感染妊娠毒血症，經常成為早產兒、死產、難產的原因。是類疾病會隨著年齡的增加而有慢慢增加的傾向。

因此，最好能在年輕時就懷孕生產，但年紀大時，如果想懷孕的話，應在妊娠前接受充分的健康檢查，若有舊疾，首先應將其徹底治療方可。

再者，為了製造體力，在妊娠前需充分運動，使身體柔軟。

懷孕後，如果是上班婦女，則應盡早卸下工作，每天過著沒有疲勞和精神負擔的生活。

定期檢查應比年輕孕婦還勤，應注意胎兒的發育，預防母體患高血壓或尿道感染症，還需注意營養均衡。如果擔心會有染色體異常，可接受羊水穿刺的染色體檢查。

為了不引起異常現象，香煙、酒精、咖啡應加以控制。即使是長久的習慣，也應從妊娠前停止是類嗜好品。對自己的生活習慣好好做一番調整。

如果，在妊娠期間發生異常時，盡量要住院，並接受醫療管理。可能的話，也參加媽媽班，學習做個好母親。胎動在懷孕二十週以後，逐漸可以感受到，期能建立胎兒與母親間的聯繫。懷孕中期起，需注意體重的增加情形。

即使是高齡懷孕，但隨著妊娠的進行，會感覺到身體年輕五～十歲，逐漸變柔軟。此乃受荷爾蒙的影響。超過四十歲才分娩，花費的時間比年輕人多二、三倍，能正常分娩的人也很多，所以應注意不要受寒，使身體暖和，臨預產日時，應接受使產道變柔軟的治療。

高齡的人想要安全渡過初次妊娠時，就要每天愉快的生活，心情放輕鬆給寶寶營造個良好的環境。

年長的人比年輕人具有更多的生活體驗，所以一定能夠順利地找到前進的道路。

36～39週（第10個月）的胎教

朝向正式的教養孩子

◆胎兒的形狀　這時，嬰兒的體重大約是三二〇〇g，身長是五十cm左右，並且有充分的皮下脂肪及結實的骨骼。身體的肌肉也發達，而且保持一定的緊張狀態，不再是鬆弛無力的樣子了。即使，嬰兒的體重將近三kg，也不會造成孕婦運動的強烈負擔了。

由於胎兒的頭部已進入骨盤入口或中央，所以急劇運動也變少了。可是，其中也有到分娩之前仍然蠕動著或者在生產的最高潮時仍不斷地搖動，不能一概而論。總而言之，是比九個月時較不擺動，比較安定的感覺。這時胎兒睡覺的時間較多，倘若不是相當了不起的事，他是不會動的。各種成熟的動作是在胎兒本身的自主性中，漸漸地發揮下去。大概自己準備著隨時出世，好面對外界的姿勢吧！

吸吮運動或呼吸運動簡直與出生嬰兒沒有兩樣。為了準備生產後的環境，連接不斷地從母體，透過胎盤傳送對付疾病的免疫能力。

◆母親的狀況

原本上昇至胸口的子宮，漸漸地下降，對胃的壓迫感也減少，也可較輕鬆地進食了。身體逐漸加重，就是稍微的移動也是相當累。變得容易口渴，動作相當吃力，大部分都是坐著渡過。而且，體重的增加也相當激烈，接著，下肢或手及腹部都變得容易腫脹。當分娩日期接近時，心神不定，變得相當不鎮靜。心中強烈地期許著平安生下小孩。

從生產的七～十四天前開始，感覺胎兒急速地下降著、頻尿、腰無力感、腹部脹起（有不規則的子宮收縮現象），並且分泌物中有少量的出血，胎動也變少等症狀出現。

其中漸漸明顯的就是，子宮不規則的收縮變得相當厲害。有時每十～十五分鐘就感覺一次。少量的出血也是因初產、已有過生產經驗者，或是因人而有所不同的，如果有果凍狀的粘液及出血，就是分娩時間將近的徵兆。

這個階段正是產道的軟化及子宮頸管短縮的時期。初產者，在這個階段，真正地感受到分娩將要開始般的子宮收縮現象。有分娩經驗的人，在子宮短縮的同時，子宮會強勁開大的傾向，不可疏忽大意的。

即使是在分娩中，也會感覺到胎動。就算是胎動情形減少，但絕不會停止的。當嬰兒的頭部被骨盤入口固定著，進入骨盤中時，胸下及上腹部都會變得輕鬆舒服的。

☆分娩將近的症狀

也有人將分娩前一週稱為分娩0期。在這個時期必須注意，需每二～三天接受一次診察，每天入浴，並且每天通便等事情。

這時，初產者認為分娩已經開始，應住進醫院了。並且當開始分娩的四、五天中她們看見後來才入院的人，一個個的完成分娩時，就會變得焦躁、擔心、不安。雖是已進入分娩0期

▲生產開始的信號

一、初產婦

分娩0期已經持續了七～十天，並且也有果凍狀粘液或少量的出血，或者破水現象。並且子宮的收縮大約十分鐘一次，一個小時六～七次的正常規則時，可以認為是分娩的開始。

二、有經驗的產婦

即使是分娩0期之間，由於也有急速的分娩進行情形。所以當子宮有每十五～二十分鐘一次的收縮或少量的出血現象時，必須直接住院接受檢查。

，自己診斷是陣痛微弱、分娩遲誤（分娩開始後，初產婦是三十個小時、有經驗者是十五個小時經過了，仍無法分娩的情形）等。結果放棄自然分娩，整個人累得疲憊不堪。

真正的分娩開始是在子宮口打開時。在此之前，子宮頸管的短縮、熟化是必要的。必須理解，這些是一定的過程。

另一方面，有經驗的產婦在此生產過程也有人在極短的時間內便完成了。因此，當子宮收縮有每十五～二十分鐘一次的現象產生時，與初產者不同的，必須直接辦住院。倘無淸楚地判斷，也可能發生在車中或等待室中，便分娩的。

☆母乳哺育的心理及身體準備

母親在餵哺嬰兒奶水時的姿態是非常溫柔、美麗的情景。在中世紀的宗教畫中，聖母瑪利亞的乳房被漂亮的描繪著。我想是，不是為了強調它的美麗，而是為了嬰兒，母乳是多麼重要啊！

▲住院的準備

◇用品

・睡衣（前開的樣式）三件。
・腰帶二條。
・腹帶（漂白布）二條。
・丁字帶及生理墊（產褥墊）各三件。
・毛巾五條。
・浴巾二條。
・生產用護墊（尋問醫院有無規定形式）。
・洗面用具。
・面紙一箱。
・母子手冊　・印鑑　・健康保險證　・住院證書　・脫鞋。
・小茶壺　・杯子　・筆記文具。
・打電話的零錢或電話卡。

◇嬰兒用品（出院時帶來亦可）

・衣物汗衫棉外套或毛毯、尿片套各一件。
・尿片二組

況且，魯濱遜所畫的「和平與戰爭」的圖中，將母親以母乳餵哺嬰兒情景，描繪成和平的象徵。

像這樣的，母乳之所以被尊仰的背景，是由於在沒有現代般的人工乳情況下，母乳是唯一的方法吧！除此以外，母親餵哺嬰兒母乳時的姿態，難道不是因為它正是強調人類愛的最適當東西嗎？

在懷孕不久之後，乳頭的部分就容易感覺脹痛，乳頭的周圍也會發黑。而且，在懷孕六個月左右，一壓乳頭，有時也會滲出乳汁來。乳房是由乳管前的許多乳細胞所組成的乳腺組織所構成的。乳腺的發育，早在思春期時從卵巢分泌出來的雌素酮（卵細胞荷爾蒙）與妊娠素（黃體荷爾蒙）開始的。

思春期中，乳房會變成豐滿的原因，是由於這種荷爾蒙所作用的。因為在妊娠時，更多的雌素酮與妊娠素從卵巢及胎盤多量的被分泌出來。所以乳管急速的肥大且製造母乳的準備也完整了。隨著乳腺的肥大，乳房也變豐滿。

當乳腺的準備完整且嬰兒也出生了，此次叫做催乳激素，

◇簡單方便帶到陣痛室的東西

・防止口渴的東西……檸檬或柳橙的切片、清涼的糖果、飲料。
・有秒針的手錶。
・腳容易冰冷者準備襪子。
・半夜肚子會餓的人，可以準備麵包、飯團、香蕉等。

▲整理家務

事先與丈夫或家人商量有關不在家時，如何處理家務及照顧小孩。尚且，必要時也通知鄰人入院一事，並拜託幫助看家等。

從下垂體大量的分泌，也就是促進乳汁分泌的荷爾蒙。因為它的直接起作用，所以可以在乳腺中大量地製造乳汁。

在母親的身體已準備好分泌母乳時，肚子中的嬰兒也喝著羊水，嘬手指頭，開始學習吸吮母乳。在懷孕的十個月中，母乳分泌與為了飲用奶水的生長準備順順利利地被完成。

在準備完整時，嬰兒一開始吸吮乳頭，乳頭將會受到強烈的刺激。此種刺激到母親的神經系統，傳至視床下部，下達下垂體後葉。並且從那裡分泌出催產素的荷爾蒙。想藉催產素的作用，乳頭內側的平滑肌將會收縮。首次，積存於乳腺內的奶水將被分泌且流入嬰兒的口裡。從母乳的製造至被分泌出來為止，是有著這樣複雜的機構參與著。

為了嬰兒，乳房豐滿地膨脹是母親的榮耀。從預產日前四〜六週間，請擠壓出一次初乳且做好按摩工作。如此，從嬰兒出生後八—十小時，開始吸吮乳房的時候，將可以輕易使嬰兒喝到豐富營養的初乳。而且，當乳管有阻塞的情況，將造成脂肪的原因，在產院等加以清除（乳管開通法）！這些事從預產

日的兩個星期前開始施行。

諸如這些事前所做的乳房準備，可以讓生下來的嬰兒馬上喝到奶水。並且是母親所能給與的一種方法。但是，在這個過程中給與乳房的刺激，將會引發子宮收縮而發生早產情況。所以必須接受專家的指導慎重地做好準備出生日期的到來。

母親有信心於餵哺母乳，並且在片刻的休息後，以深切的愛情將乳頭放進嬰兒嘴裡。最初授乳的時間如果愈慢，奶水的分泌也會愈不好。因此，必須下定餵哺母奶的決心後，才能使奶水順利的分泌。

☆回應嬰兒的叫聲

唉呀！產期愈來愈接近了。如果有食慾就好好的吃一餐且舒舒服服的睡一覺吧！住院時行李的準備及住院中希望丈夫幫忙的事情，一樣樣的做好筆記了嗎？並且隨時都可以迎接生產的心裡準備已經有了嗎？

分娩，一般是在預產日的前後兩週之間。即使稍微慢了些時日，只要醫師認為「還沒關係」時，這段時間是安心的。

況且，生產並無法依母親的意思，想開始就開始，想早點來或停止等。

不管明天是否剛好是丈夫的生日，不管是否工作已請了假，但是假期也快要結束了卻還不生產等事情。生產一事不能因為父母的急迫而順利去做的。為何呢？因為分娩信號的開始是由嬰兒決定的。

況且，陣痛是喚醒母性的聲音，不可想要從它逃脫或盡去想其痛苦處。與母親的意志無關係的陣痛，是胎兒將成為新生兒且一個人要站立起來時，內心所想的「媽媽，請好好幫助我的出生吧！」希望被認為是嬰兒出生的「希望給與幫助」請求想法。

請等待嬰兒所發出「將要出生了哦」的傳言吧！並且，當傳言收到了，從嬰兒自己的將降世出來與母親（儘可能父親也一起）高明的幫助，來完成身為母親職責的胎教。

▲陣痛的種類

一般分娩時，伴著子宮收縮的感覺稱之為陣痛。亦稱為分娩陣痛。其他也有分為幾種陣痛。

●**妊娠陣痛**　在妊娠中經常引起的子宮收縮，無疼痛感覺。輕微的腹脹。但是，其中也有因此而早產的事情，所以需要緩和子宮頸管。

●**前陣痛**　妊娠陣痛在末期次數會成為頻繁且逐漸增強趨勢。其特徵是非常不規則。因個人體質亦有相當痛苦的情形。大部分是發生在分娩時有強烈不安的人身上。

●**後陣痛**　分娩後，不規則的發作。因子宮收縮而止血時，子宮為恢復妊娠前的狀態而收縮。並且因人而有相當大的差異。

為了以母親的身份寄望於無論如何必須幫助「嬰兒出世」的愛的意志，應該去了解嬰兒是如何的通過產道而分娩的機構。而且加上認真地練習幫助分娩的呼吸法或緩和方法，以整個身體記取那個方法（分娩的補助動作）。

分娩的過程分為第一期的開口期、第二期的娩出期（從子宮全開大至嬰兒分娩出來為止）及第三期的後產期。

首先，在第一期，如果子宮收縮且開始疼痛了，請安靜地想「來吧！從現在開始哦，加油吧！」等，就像對著嬰兒如此地說的心情，做深呼吸及按摩腹部。

第二期，想像嬰兒將從狹窄的產道漸漸地下降事情，壓放腹部，在沒有疼痛時做深呼吸等。

第三期，輕微地使勁，胎盤將被分娩出來。如此地記得生產的過程及補助動作之後，好準備正式時間的來臨。

為此，儘可能得到丈夫的協力幫助。諸如：「現在開始痛了吧！做深呼吸……一、二、三……」「快了哦，痛苦將消失了，放輕鬆」等的鼓勵。而且實際地去想像分娩的進行，夫婦

超音波斷層掃描畫像

37週6日　探索、開口運動→吸啜運動

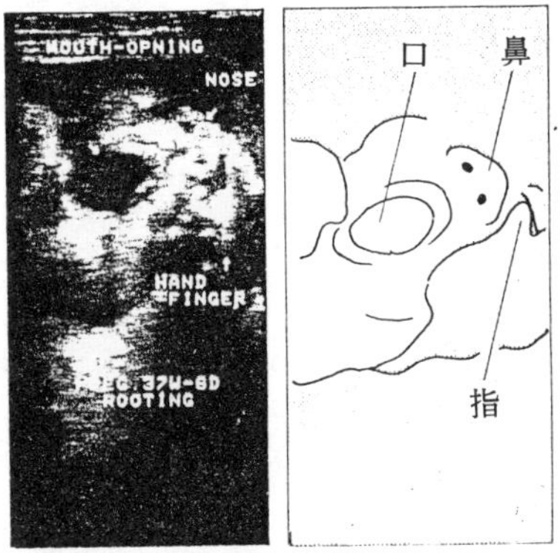

①伸出舌頭，嘴巴張大，臉動來動去好像在尋找母奶。手指在前面動來動去。

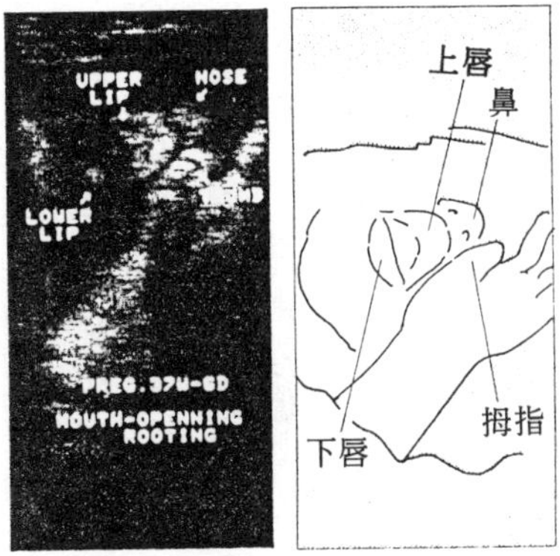

②拇指快放進嘴裡之前。手張開。

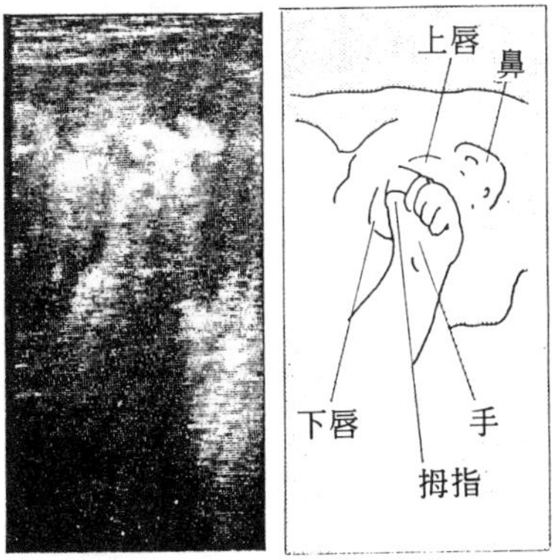

③握手，把拇指放進口嘴裡開始吸吮。

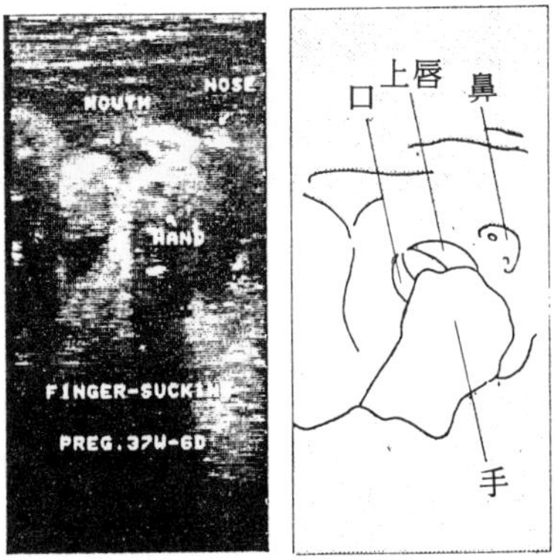

④拇指稍微抽出。

互相鼓舞，或許可以從嬰兒傳來「媽媽、爸爸努力啊！雖然有點兒擔心，但是我也必須加油的」等鼓勵的話。

母子（父子）的聯繫是從懷孕中開始的，並且做好生產的補助動作。特別是在分娩時加以強化。幫助嬰兒正常做分娩一事，在嬰兒出生後也是具有相當大的意義。

☆正式與丈夫共同教養孩子

站在顯示著「分娩中」的房前，毫無辦法的一面焦急著，一方面也將煙蒂丟滿整個煙灰缸。父親在面對著等待嬰兒誕生的無言心境中，似乎也在呢喃著些什麼。

然而，最近年輕的夫婦中，做丈夫的也出現在生產的地方，幫助將成為母親的生產工作。並且可以看見夫婦一起體驗妊娠、分娩的動向。去共同體驗這生命的瞬間感動。在人類的人生經驗中，這可是鼓舞心情的最大體驗，也是現在年輕人們繼續在學習的。

目前已不再是過去傳統式的在家中分娩，父親也是站在一旁而已。而是變成更為積極主動。妊娠期間，夫婦一起學習有關生產的事宜。在了解管理嬰兒誕生的原則下，多少也給與嬰兒輕鬆地降臨人世。夫婦必須互相幫助，因為生產瞬間的感動是兩個人共有的。在人類內心深處產生一種感覺，加上夫婦間的結合，是可以強化父母親與孩子之間的連繫。

英國小兒科醫師卓利博士的地方（倫敦大學查理克科羅斯醫院），大部分做丈夫的人在分娩時都會參加。分娩中透過丈夫溫馨地握住妻子的手，可以幫助安撫產婦由於不習慣分娩室或長久的生產痛苦所產生的緊張、不安的情緒。並且夫婦也可以一起與剛生下來的寶寶見第一次面。這對於確立母子與父子間的連繫是非常重要的。

雖說如此，亦有丈夫在妻子分娩現場，以一副無助的表情出現。不是以信心面對生產，大部分的人是躊躇不安的表情，在眼前做出一副困窘樣。

例如，有一對H夫妻的情況，身材魁武的丈夫在進入分娩室以後，完全無法平靜而走來走去。妻子再怎麼以呼吸法來緩和疼痛，做丈夫的只是站在那裡凝視著，所有練習的成果變成無法發揮的狀態。

這時，助產士安靜地握住妻子放在枕邊的手，終於安靜了下來，同時原本痛苦呼吸著產婦的表情也較緩和了下來。而且在沒有陣痛的時候，向妻子說些鼓勵的話，當妻子訴出了疼痛的情形後，也較為鎮靜地放鬆了兩手。醫師或助產士也不斷地向產婦詢問「像這麼疼痛的，有沒有關係啊？」及投入關懷的視線。

在「啊！啊！」的短促叫聲過後，一使勁，嬰兒的頭部已出來了。並且再一次的用力，瞬間，嬰兒的身體也跟著滑了出來且帶著大聲的哭號聲。

此時，H先生的身體好像有一股電流通過，不禁抱住妻子且握緊她的手。與剛進入分娩室時完全不一樣，流露出堂堂做父親的姿態。

將連繫著臍帶的嬰兒放於母親的身上，讓H先生扶持著嬰

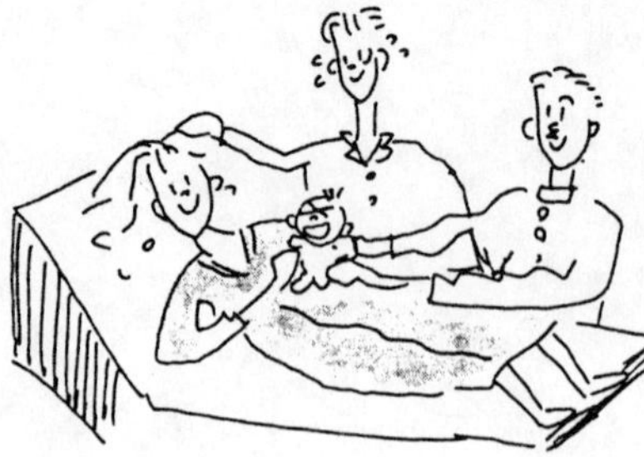

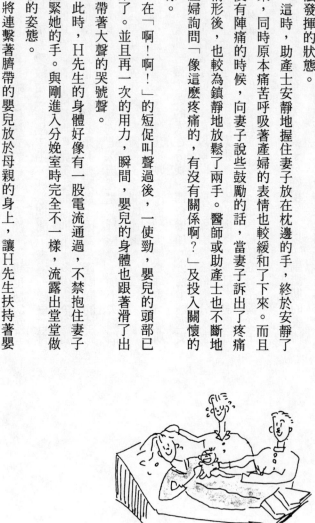

兒的背及頭部。此時原本有點躊躇的H先生，看著嬰兒張開的微細眼睛後，自己也禁不住地紅了眼眶，卻仍不去擦拭流下來的淚水。並且對著嬰兒說：「乖乖，是爸爸哦！」將百感交集的臉貼靠近於嬰兒。

這時，由於丈夫的支撐而安全地完成生產的母親，也露出了非常幸福的微笑。同時出生後的嬰兒可以從父母親那裡得到愛的親膚關係，並且忘記了對新環境所產生的不安感覺。緊靠在母親身旁，一副安安祥祥的幸福模樣。

諸如H夫婦的會同分娩，從做丈夫的參與自己嬰兒誕生一事，可以加強自己從丈夫而成為父親的自覺性。更重要的是深切的去理解一位由妻子變成母親的心情。並且由於丈夫對妻子成為母親給予關懷照料，是今後用母乳哺育教養嬰兒的鼓勵，亦是育嬰的一個好的開始。

然而，個人對生產的想法中，即使聽說會同分娩可以說是連繫親子之間最好的方法，可是大部分的人仍然無法做到如此地步。並且，對於工作繁忙的男性而言，妻子生產時也未必能夠跟隨在一旁的。

然而在分娩時，雖無法直接陪伴左右，可是憮恤妻子的心是可以用各種方式來傳遞的。例如，當妻子將進分娩室時，溫柔地握住她的手鼓勵著說：「加油啊！」也是足夠表達關懷之意的。雖不是說在分娩時，丈夫陪伴妻子之事是相當重要的。然而，在生命誕生的一刻，夫婦可以同時體會這種感動情緒。如果借此可以加強親子之間的連繫，給與孩子相當舒展幸福生活的可能性，或許更需要考慮一下這種方式的分娩方法。

☆生產的構造

陣痛的強度及頻率	（5～6分）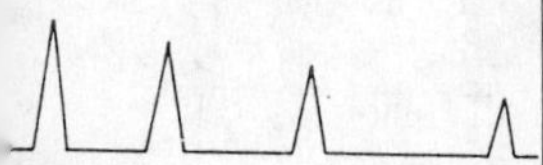
子宮的狀態	
分娩的過程	**第一期（開口期）**子宮開始規則性的收縮、胎兒頭向下，好像將推開子宮的姿勢。
胎兒的樣子	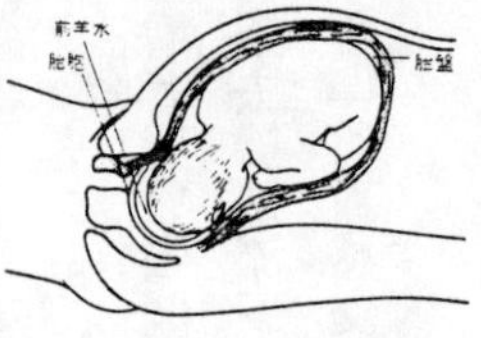

▲生產的開始

生產是如何開始的，至今仍無法充分地解說清楚。只是傳說引起陣痛的原因不是神經而是荷爾蒙的作用。

嬰兒在母親的肚子裡，當生長至可以分娩時，會傳送荷爾蒙的信號。而接收這信號的母親身體，荷爾蒙將強力地使子宮收縮。如此的作用，將轉告的是陣痛。

●從子宮出發（分娩第一期）

當子宮強力的收縮時，嬰兒將被壓迫往產道方向伸長。子宮頸管的肌肉會將一直是堅固封閉著的子宮口往上移動，並且擴大子宮口。嬰兒將隨著骨盤漸漸地向下降。如此，子宮將張開十㎝左右的寬度，經過這裡，嬰兒的頭部將從子宮伸向陰道方向而去。

●穿過產道（分娩第二期）

嬰兒隨著規則正確的陣痛

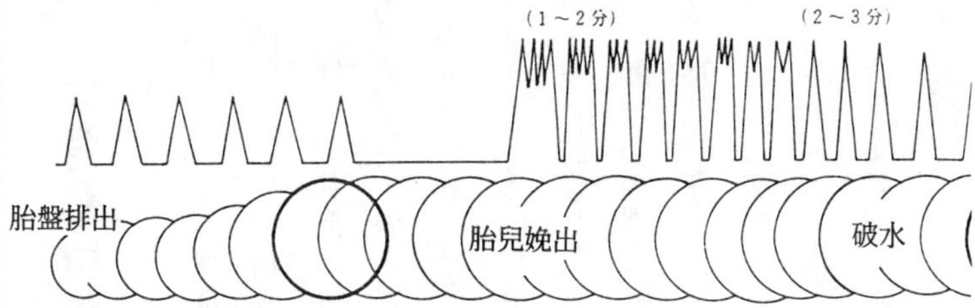

第三期（後產期）
分娩後，子宮收縮，漸漸地變小，經過十～二十分鐘後，胎盤將被排出（後產）。

第二期（娩出期）
子宮口開得最大，羊膜破裂，羊水流出（破水）。由於數次的使力，漸漸地可以看見胎兒的頭部。隨著頭、肩、身體的順序，胎兒終於分娩出來了。

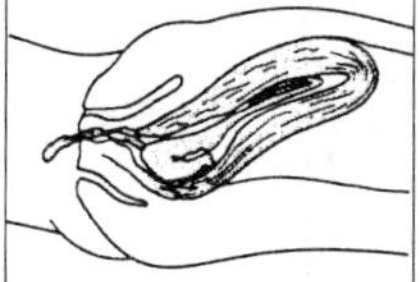

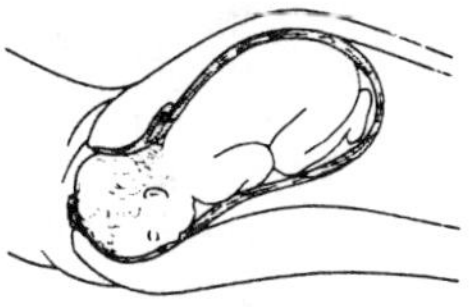

，在狹窄的陰道中迴轉且往下降。此時，對母親、嬰兒都是最辛苦的。可是，這也是嬰兒為了健康地出發所不可或缺的重要任務。

換句話說，當嬰兒鑽進產道時，強烈的皮膚刺激將喚醒腦部的呼吸中樞，做肺呼吸開始的準備。

此時，母親配合陣痛的波動，間斷地使力，將有助於嬰兒在產道的前進。

●與嬰兒的會面（分娩第三期）

健康的生產聲音可以教導嬰兒平安的肺呼吸作用。母親將以感動的心情迎接嬰兒。

將被滑溜溜胎脂包裹著且肚臍頭緒尚連著的嬰兒，直接讓母親擁抱的情形也增加了。因為這時嬰兒的意識已經相當的鮮明，所以對於親膚關係有著很大的意義。

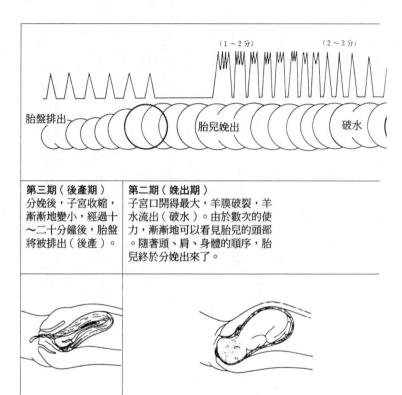

☆有關拉馬茲無痛分娩法

現在所謂的會同分娩及拉馬茲無痛分娩法，都是以蘇連醫師們所提倡的「精神預防性和痛分娩法」為基礎的。

所謂的和痛分娩，是指伴著生產的陣痛是一種無條件的反射性的東西，原本只是輕微的疼痛。但是，由於產婦對於這痛苦在腦裡已經根深蒂固，所以才會感受比反射條件還強烈的苦痛。是故，事前只要讓產婦充分的理解陣痛是生理上非常的事情，並且使作呼吸法的訓練，將不至於感到太大的痛苦。

此理論經過法國醫師拉馬茲的加以改良後，成為更趨自然、人性的生產方式稱之為拉馬茲無痛分娩法。

在此方法中，特別強調夫婦去共同迎接生產一事。也就是說，從生產前二個人共同練習呼吸法開始，到實際分娩時，丈夫所給與從旁的幫助之事。

最近，這種方法，在日本也開始受歡迎了。也有人表示是

▲拉馬茲無痛分娩的具體方法

拉馬茲無痛分娩法中，丈夫的參與是其主要特徵。亦是說為了與丈夫輕鬆地去面對生產一事。

第一、妊娠中必須有欲望想去了解生產的過程，並且消除對生產的不安或恐懼心。

第二、做妊娠體操使筋肉柔軟，並且充分了解對子宮收縮有相當大效果的呼吸法、鬆弛法。藉此來緩和生產的痛苦感覺及幫助生產的進行。除此之外，由於丈夫的參與一事，希望可以使產婦心情穩定，緩和疼痛及不安。

一種時裝流行秀。

在現在所被推行的拉馬茲無痛分娩法中，產婦在分娩中從產痛與不安恐懼中將自己忘記及防止休克發生的意思上來看，這種靠自己來施行生產的意志表現，或是因丈夫的參與所帶給的有利期待，都猶如在內心深處流露出產婦自我中心的自負。

在日本的傳統習慣中，還沒有丈夫的會同分娩，然而對於現在核心家庭而言，或許是當然之事吧！

可是在流行文化中，也有再加以過度的期待無痛分娩法傾向發生時，將會是件麻煩的事情。

在所謂無痛分娩法應有的講習會上，即使夫婦共同出席多少次並且學習呼吸法，也無法保證分娩可以正常的順利完成的。特別從我們的心態來看，太依賴自我中心，而且欲從痛苦中逃出的心情，即使學習了無痛分娩法及與丈夫會同努力去施行呼吸法。在分娩過程中，所有的努力也未必能得到很好的回應。而且在分娩過後，即使詢問產婦本人時，對於這次的生產過程是否在緩和疼痛與不安的情緒下，輕鬆地完成了生產呢？卻

▲呼吸法

◎呼吸法的優點

①對產婦可以藉著呼吸來渡過自覺性的收縮，並且使其能夠處於冷靜的狀態中。

②由於集中力使子宮收縮轉向呼吸，將可以移開痛苦。

③平衡體內的氧氣與二氧化碳。

④由於母體所施行的冷靜、平和的呼吸，所以，可以借此安定胎兒的心音。

◎啟發有效果的呼吸法

①呼吸法必須延至無法再平靜為止，是不會開始的。

②至始至終，子宮的收縮強度不可脫離自己呼吸的規律，並且切記著緩慢、安靜的呼吸規律。

③在施行呼吸法，必須放鬆全身力量，並且睜著眼睛凝視著一點。在妊娠中期，如果沒有依照自己的規律充分的練

沒有那種太強烈的印象。

另一方面，從小開始就在家庭中學習生命延續意義的女性，當她了解在夫婦本身中，妊娠、分娩在自己的生命週期中所佔有的位置時，相反地，她不會因為丈夫的不在場而感到痛苦或不安。而且可以平平靜靜的期待生產而不會哭訴陣痛所帶來的痛苦。

況且，在其無陣痛之時，也可能看見產婦面帶微笑與家人或助產士、護士談話的情景。同時，分娩也順利的進行。產後，並積極的與嬰兒親近接觸。此種情景也是意外的多啊！

在分娩後，當問起她：「痛不痛啊？會不會不安等等」時，回答卻是：「雖然有些疼痛，但也不會太嚴重。據說生產是相當痛苦的事，可是沒有那麼辛苦的，如果這樣可以將嬰兒平安的產下，受一點苦也是應該的。」

習呼吸法，即使臨時要施行，也無法順利做好的。況且會變成過度的呼吸，而破壞血液中的氧氣與二氧化碳的平衡。進而引起輕微的頭暈目眩或是手腳、嘴巴周圍的麻痺情形。

第六章
從出生後開始，母親與孩子的連繫

生產後的嬰兒

終於要在肚子外，開始養育孩子了。

要使妊娠中的胎教有更好的成果，新生兒時期的育嬰方式是相當重要的。

母親與孩子之間的連繫，現在就必須牢牢地繫住它。

★生產後的育嬰

用母子之間的牽繫來撫育孩子

◆嬰兒的形成　分娩後的一個月內，對嬰兒、產婦來說，是相當艱辛的時期。

在胎內結束寄生生活，出生下來的嬰兒，為了維持生命，必須靠自己呼吸及吸吮奶水。況且在沒有母親的幫助情況下，必須自己學著去適應胎外的生活。

體溫就是自己無法完全調節的因素之一。在胎內所培養的，至今仍是不完全的能力。當開始胎外生活時，為了維持其生命，必須借助各種幫忙。

在胎內，受精後經過二六六天，即使嬰兒已經十分的成熟了。然而，從胎內至胎外，也可以說是個嚴苛的環境啊！諸如，呼吸、營養的攝取、排泄、體溫的保持等等……。即使維持生命的呼吸、排泄尚可靠自己來進行，可是營養的攝取、體溫

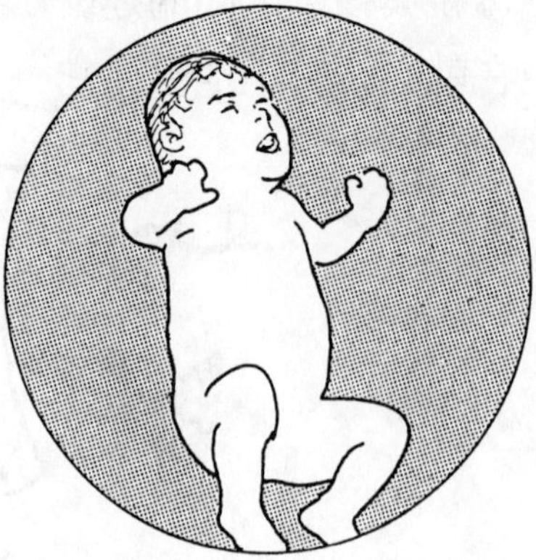

的保持仍然無法靠自己來運作的。

當肚子餓時，嬰兒會以哭號來表示。倘使過於寒冷，過於炎熱而無法得到充分的睡眠時，也會以哭泣來表示的。

出生後一個月內的新生兒期，亦是嬰兒出生後，首次接觸外界的適應期。此時是無法一個人生存的，必須靠母親的幫助。

★早期接觸使其情緒安定

對剛出生的嬰兒來說，最高興的事，不外是母親的柔軟飢膚的接觸關係。此時，母親儘早的給予及時的安撫、接觸將可成為彌補嬰兒在肚中的生活環境與分娩後環境之間的差距。並且消除嬰兒心中的不安。

此件事情可以充分的說明，當母親抱起分娩後哭鬧不停的嬰兒時，嬰兒將感覺到，與在子宮內一直聽習慣的心臟規律、飢膚感覺是一樣的。而且在溫柔的感覺下，完全地安心下來並停止哭泣。

因此，在使嬰兒停止哭泣之前，給予嬰兒飢膚的接觸是需要的。像這樣的親膚關係，在其生產後三十分鐘內更為重要。在驚嚇之餘，如果能在這三十分鐘內，得到母親的飢膚之親，據說與無法獲得的嬰兒比較，在以後的成長中，情緒上的安定度有很大的差距。

為什麼會如此呢？在第一章中也曾提過。構成初期嬰兒的組合是外胚葉、中胚葉、內胚葉等。經過了更進一層的分化後，成為人類。

當時，皮膚與腦部同樣都是外胚葉所形成，而控制皮膚的腦部也是主要控制，左右人類性格或人格的自律神經系統。

因此，給與皮膚溫柔良好的刺激，是可以安定嬰兒情緒的。當然對於今後的人格、性格成長也會給予相當大的影響。

卓理博士等人說：「母親與嬰兒在生產後，立刻給予一起生活，將可以使母子情緒安定，更是教育好嬰兒的先決條件。」在博士工作的醫院裡是採取將剛生下來的健康寶寶送至母親的房內（母子同室），使他們一起睡覺的方法。再者也建議，丈夫在同寢室內成「川」字形狀一起睡覺。如此，當然可以培養母親與孩子、父親與孩子及父母親之間良好的關係。

在奶水豐富的分泌之同時，父母親在醫院的期間，也可以明白育嬰的方法及嬰兒的習慣。對於回家以後，可以獲得寶貴的育嬰的優點。

★多與孩子做肌膚接觸

從妊娠二九週以後，到出生後二八天（周產期或周生期）為止，構成母子間的牽繫，稱為「母子結合」。此乃藉著母子的親膚關係，即「母子相互作用」而使關係更為緊密。

換言之，為了理想地哺育嬰兒，母親與孩子之間的相互接觸是必須的。這種在心理上、精神上所印證的行動，是成為母親愛惜孩子，孩子愛慕母親的母子關係基本。亦可決定嬰兒將來的性格。

總而言之，與孩子的性格及維繫母親與孩子之間的家庭環

▲初次的親膚關係

剛生下來的嬰兒，仍繫著臍帶，而且全身被胎脂所覆蓋著。首先，必須先吸取嬰兒在氣道、胃中的羊水。再給予割斷臍帶。並且檢查是否有異狀。隨後，為了清洗在腹中保護嬰兒及通過的潤滑油，將嬰兒泡進熱水中。再交予母親懷中。

在現在，如果是正常分娩的嬰兒而且沒有異狀，就會將連著臍帶的嬰兒直接讓母親抱一下。目的是為了更早擴展母子早期的親膚關係所做的考慮。

境，有著相當密切的關係存在。

最近，有的母親認為用背帶繫著嬰兒是很不雅觀的，並認為，為了使嬰兒及早養成自立心，所以索性不陪著孩子睡覺了。類似這樣的母親也漸漸的增加了。

在傳統的育嬰方法中，肌膚的接觸是相當頻繁的，而且母親的叮嚀聲更是不絕於耳。如此，嬰兒不但可以感受到母親的氣習，更可培養與嬰兒的一體感。在加深母親與孩子的連繫（母子相互作用）的同時，當然也是理想的「文化產物」。

財團法人青少年研究所，最近與美國的哥倫比亞大學合作，做了以下的調查，報告中指出有關三十個人的調查中，母親與生後三個月大的嬰兒之間，以親膚關係為中心，做了連續兩天的生活觀察。結果，與二十年前所做的調查比較，母親與嬰兒親膚關係有極端減少（前次二天內為三九次，現今二五次）的現象。相對的，使用嬰兒車、嬰兒床文化的前輩，美國母親卻是急速的在增加，為日本母親的三倍之多。

想教養出孩子，具有個性的、自主的、有責任感的成長、好像是現代母親的教育觀。然而有些母親由於過度地要求「培養有自主心的孩子」，而減少與嬰兒的親膚接觸，是相當大的錯誤。

這種情形從幼兒期，小孩「語言遲鈍」「沒有穩定性」的情形中，我們可以了解為什麼會有這樣的情形出現呢？在大部份的情況裡從母親的口中可以得知這樣的結果。「培育有自主心的小孩」或是「不讓孩子過於驕縱」「為了避免習慣於揹、抱，所以儘可能不抱他」的肌膚接觸不足的原因。

面對著現代孩童的拒絕上學或家庭內暴力、自殺等問題，難道不是這種錯誤的乳兒期所造成的嗎？並且在更早期，於母親的胎內時，嬰兒是否受到母親細心的關愛或是……等，並且是否考慮了良好的胎教等……因素。

在對拿破崙所提出的問題中，孩童的教育應該從何時開始呢？他的回答是：「孩子出生的二十年前就開始了，從孩子的母親所受的教養開始的。」倘若要教養出優秀的孩子，必須了解母親本身是如何的被教育過來的問題。

總而言之，母親本身要發現孩童的資質，並加以開導，而且必須要具有如何教育孩子的信念。

★產聲是信息

嬰兒出生的瞬間，會發出尖銳的產聲。這產聲將帶給原本充塞於母親的緊促氣息及醫師、助產士對母親的鼓勵聲的分娩室，一時間變為極安靜，只有嬰兒凜凜響亮的聲音。

嬰兒的聲音在原本只靠臍帶經由胎盤傳送氧氣的「拜託母親了」的狀態，一舉成為「自主（呼吸）」（肺呼吸）的情況。這是嬰兒喜悅的訊息。同時，具有活力的聲音刺激了母親腦部，進而促使可以分泌出豐富奶水的荷爾蒙（腦下垂體）發生作用。

因此，對於嬰兒來說關係著生存的產聲，是成為母親的女性對其母愛的喚醒及在母子的相互作用方面，亦是有其非常意義存在的。

而且，因產聲所學得的「哭泣技術」，是由於哭泣便漸漸的記取與母親溝通的技巧。

在此之前，讓我們先來考慮為什麼嬰兒會發出產聲的問題。當尚在母親肚子內的嬰兒，他的肺或氣管只有進入所謂肺液的分泌物及極少的羊水，在這種狀態下，當嬰兒通過狹窄的產道時，胸部受到壓迫，肺液、羊水在分娩中從口或鼻子擠了出來。在剛出生的瞬間，肺部成空洞狀態，於是空氣就咕嘟地流進，即是引起呼吸作用。可是這並不是產聲。

另外一個必要條件，那是與產道的困難通行有所關連的。當嬰兒在產道前端時，皮膚會受到強烈的刺激。這種刺激將喚醒嬰兒的腦部呼吸中樞。由於具備了這種條件，於是嬰兒就初次地發出健康的聲音。

並且，隨著呼吸的開始，嬰兒血液的循環將由胎兒期的東西瞬間移轉成成人的東西。

尚且亦可了解，對嬰兒而言，產聲不一定是喜悅的叫聲。從所謂生產的暴雨中鑽出來的嬰兒，由於突然間被排出體外而感到驚嚇，因此哭泣的想法也是可能的。嬰兒的產生亦好像對母親傳達「想被抱起」的心情。請好好地抱緊嬰兒，讓他安心吧！

★必要的回應是可以培育溫暖的心靈

雖說如此，生產後的母親身體必須充分的休息。這時嬰兒就好像哭泣是生意般地哭個不停。此時，不需要去移動疲憊的身體靠近嬰兒身邊。只需要以聲音回應即可。

當人們有什麼要求時，卻得不到應有的回應時，在心裡就會產生要求不滿且日漸增大。因此就會有正常的行動。嬰兒也是相同的。即使再怎麼哭鬧，也得不到反應時，就會產生焦躁不安。譬如雖然不了解到底為什麼哭泣，可是請一定給予些任何的反應。

出生後，大約經過一個月以後，嬰兒的哭聲也會產生變化，逐漸地多樣化，並且從哭泣聲可以傳達其意思。

嬰兒在什麼時候；怎麼樣的哭泣，是因個人而所不同的，不能一概而論。根據一位小兒科醫生的研究，當嬰兒有強烈不快感時，將會以大聲且清晰及激烈的喘息聲哭泣。然而當沒有太大的不快感時，聲音是小且弱的。其他，因不快的程度或種類不同，嬰兒也做不同的哭聲。

到底嬰兒是為何而哭泣的呢？這是需要從累積育嬰經驗中得知的。根據某研究，當嬰兒想喝奶時的哭泣，從母親的乳房用自動溫度記錄器（測量皮膚溫度而表現於圖面或照片）來觀察時，可以明顯的發現流向乳房的血量增加，表示促進了母乳的分泌情形。

這是非常厲害的事，當母親正感受「必須餵奶時」，奶水的分泌就已經開始了。

無論如何，今後嬰兒所要成長的過程中，為了建立良好的人際關係，必須記住有喚必有答的事情。而最重要的時期是現在。因此，我不斷地反覆叮嚀，如果嬰兒哭了，請給予任何的舉動來回應。

☆開口說話可使言語發達

嬰兒在母親的肚子裡，已經可以聽到從外界傳來的聲音。對於這些的反應表示，就如同前述般。剛出生不久的嬰兒，對於聲音會作反應的顯示。對於突然來的較大聲響，會使全身緊緊地抱住（Morou反射），好像抱住些什麼的動作，是可以經常看見的。

在對聲音的反應中，以對母親的聲音有著特別大的反應。當嬰兒在沈睡中，母親在身邊喃喃細語時，嬰兒的手腳會輕微的移動。並且因為呼吸的模樣，對於可以聽到的聲音作出反應變化來。

倘若，這時繼續與嬰兒說話，他就會張開微細的眼睛且浮現出微笑樣。如再繼續對他發出聲音，下個動作將會做更活潑的反應。嬰兒將睜開眼睛來，目光炯炯地尋找聲音的發源處。如果知道母親就在身旁，就會對著她的眼睛凝視著。母親再對

▲原始反射

剛出生嬰兒，可以看出是由固定的刺激而發生反應的。這叫做是原始反射。可以想像在其肚子中便學習了。其次它的消失，卻又代表了什麼意義與行動呢？

以下列舉幾個例子說明：

●把握反射　試著將手放於嬰兒的手掌心時，他會迅速地握緊。

●吸吮反射　將東西放於口裡，嬰兒就會含著、吸吮著。吸吮乳頭便是這種反應。

●原始步行反射　將嬰兒兩腳使站立時，他會有走路、爬樓梯樣的動作產生。

●Morou反射　將正在睡覺嬰兒的手，輕輕地往上拉，然後放下或是作出音響來。嬰兒將會伸開兩手，緊緊地抱著什麼樣。

他說話後，這次將會啟開嘴唇，以眼神表示「母親啦」的高興的表情。手腳則會不怎麼靈活地互相交動著。

這種實驗，以母親及父親來做比較時，發現對母親的聲音（稍微較高的聲調）顯示出強烈的反應。這種隨著聲音表現行動之事，稱為「內在感覺」。對於嬰兒無法以語言來表現的喜悅感情，稱為身體語言（body language），這就宛如沒有語言的鳥或魚以有趣的舞姿來互相交換資訊是類似的。而且，這可以說是人類最古老的資訊交換手段啊！

然而，根據此種內在感應，母子互相對話時，心中思考的事情是可以互相流通的。這可說是促使嬰兒語言發達的第一步。

對著嬰兒凝視，且慢慢地說著：「好乖哦！」等話。在嬰兒醒著時，對他談話之事，是在嬰兒言語發達上重要的事情。

☆人性是從笑臉與溫暖眼神開始的

可是，令人懷疑的嬰兒的眼眼看得見嗎？嬰兒從外界來的強烈光線所做的反應中，應該知道看得見才是（也就是說光的感覺）。然而，做父母的似乎不能夠相信的樣子。

這是為何呢？分娩後，嬰兒的眼睛幾乎都是閉著的。分娩室的照明設備或許對於剛從黑暗的子宮中出生的嬰兒來說，過於刺眼！可是，大約經過十分鐘左右，當恢復疲勞後，嬰兒會有一種獨特的移開額頭上的皺紋的動作，微微地張開眼睛、閉上眼睛等。而且，漸漸地感覺到「這就是母親啊！……」。

新生兒（出生後一個月）的眼球網膜是與一般大人一樣發達的。可是，可以看見東西能力的第一中心點（在網膜的中心）是需要四～六個月才能完成的。因此，剛出生的嬰兒，眼睛是可以看見的。然而，所看見的世界好像是焦距點模糊不清的世界般。因而，當中心點發達到一定程度時，就可以用目光追逐感興趣的東西了。

譬如，一邊對剛出生的嬰兒說話時，母親移動著她的臉，或者以會出聲的玩具做出聲響，嬰兒會隨著聲音或形狀，移轉視線的。

B・普拉傑爾頓博士（小兒科醫師），對於剛出生的嬰兒的視力（包含模倣能力）做了如下的研究發表。將出生三天後，完全清醒的嬰兒半直立著。在離嬰兒三十㎝左右處，試著將舌頭吐出來看看。如此，最初嬰兒會對這動作深感興趣，直看著舌的移動，之後嬰兒也會將嘴巴張開作吐舌頭的模倣。過了一會兒，再以連續吐舌動作試試，然而，嬰兒也同樣地突出兩次舌頭。

在嬰兒未成熟的眼睛，最好的焦點距離是三十～四十㎝的地方。就等於母親抱著嬰兒餵奶時，母親與嬰兒眼睛的距離。如果這麼說，嬰兒在喝奶時，臉會稍往上直望著母親，而且，特別凝視著母親，好像等待著母親對他說話似的，偶爾也會停一下吸奶的動作。

此時，希望對著嬰兒不僅僅是望著而已，而是以笑容來看著他。母親的笑容是可以帶給嬰兒安全感的。

今後，在嬰兒漸漸成長的過程中，必須記住各種事情，依據這些，嬰兒的視覺會慢慢地發達，而且正常的視覺發達是可

▲天使般的微笑

出生一個星期左右，常可看見的嬰兒笑容。這並非真正地在笑，而是唇邊的肌肉收縮使然的。可以說是生理上的反應，是無法不讓人著迷的微笑。

幫助其健全的心理成長的。假如視覺發達得不好，將會造成無法培育其流暢的想像力及感受性。此種視覺發達是不可缺少母親的笑容。為使傳達自己的感情、心情給與對方的動作，首先是從母親的笑容開始。因此，作母親的以笑容對著嬰兒說著「喝多一點，好快快長大啊！」等，撫摸著頭、碰觸他的手或腳，儘情享樂於與嬰兒間的親膚血緣關係。因為如此，母子間的相互作用會漸漸地加深。

況且，如果由於某些因素必須以奶粉餵哺時，請在餵哺完後，將他抱直，與他面對面說話且凝視著嬰兒的眼睛。

餵奶時，請不要將嬰兒置於一旁忙著看電視，或做其他的事情。如果那樣做，好不容易可以加深與嬰兒間的相互作用的目光交會機會，將會因此而失掉。

☆生產後身體的復原……產褥期的變化

分娩後，子宮會強力地重複收縮，一天天地將它縮小下來

。經過生產過後的婦女，在分娩後或產褥三～四天的子宮收縮時，有時會有疼痛的感覺，那並非異常現象。

這種收縮是非常重要的。如果沒有充分地實施，子宮內的血塊、脫落膜（卵膜的一部分）等將無法排泄出來，而成為產後感染或出血的原因。

子宮的收縮是自然引起的，且藉著乳腺的刺激加強其收縮能力。由於嬰兒牢牢地吸住乳頭並吸取母奶時，將可促進子宮的復原。

陰道、會陰部的傷痕，在前兩、三天時，由於身體的移動及碰觸而感到疼痛，而且排尿時會有刺痛感。然而過了四、五天後普通會較好轉的。並且，會陰裂傷或側切開的縫合處，疼痛也會隨著拆線後而癒。

在分娩後的第一天，出血量會較多，但是，第二、三天後，會漸漸地減少成淡紅色。稱之為惡露。它含有陰道原有的出血及內分泌。因個人而異，快的話一個星期，普通的人大概兩個星期顏色就會逐漸減輕，有一點水樣。就好像月經結束時一

▲產後外陰部的處理

分娩後，將消毒綿放於外陰部並以T字帶固定。因為分娩後，兩個小時偶爾會有多量的出血情況，因此每一個小時做一次消毒。之後，每隔四個小時一次，並在排尿、排便之後，各以消毒綿擦拭，換上消毒綿（大的衛生綿）。

至少一天中，六～七回將流出的惡露換下來，保持陰部的清潔。對於防止產道感染是非常重要的。

▲惡露的變化

分娩後二～三天，呈血紅色的是惡露，產後從四～五至八～九月時，轉為褐色惡露，然後呈黃色乳狀。漸漸地量及顏色也會逐漸減少，最後變成白色惡露等。而且產褥大約持

樣的感覺。

倘使子宮出血的情形，一直很多，而且有血塊出現時，一定必須接受診察，是否是子宮收縮不艮或是感染所引起的。並確定子宮腔內的卵膜的一部分或血塊有否被排泄出來，且有無異常現象等。

然而，檢查結果並無異樣，而且產後超過六個星期，仍不斷地有不正常出血或月經出血現象的發生。這種現象也是不少的。原因是產後荷爾蒙的變化影響所致。無需做特別治療自然會好的。

如果有發燒現象，也有可能是尿道感染症或子宮感染症。

在產後三～五天，雖無外部感染情形，卻有急性地發燒現象。這是乳汁滯留所引起的。

乳房會脹大且堅硬，帶著疼痛感。如果乳房有強烈地疼痛感時，必須充分地按摩乳房、乳腺（從乳頭的乳管開口部打開，且擠壓出），讓嬰兒充分地吸取奶水，乳腺腫脹、疼痛、發熱便會好轉過來。

續三個星期，到了四～六週時將會完全沒有。全量大約是五〇〇～一〇〇〇g左右，其中的四分之三是在產褥初期的四天內被排泄出來。

☆母乳可以培育身體與心理的平衡

當嬰兒從母親肚子中出生後，就已有要吸取母奶的準備了。有關母乳分泌狀況之前已做敍述了。母乳是受母親的精神狀態所左右的。假若對嬰兒有不愉快的感覺，母親的精神狀態不安定等情形發生，是無法舒適地餵哺母乳的。母乳也會因此停止分泌。

假如不是到了這種情況。母乳的品質也會因為憂慮或鎮定的情況而有所不同的。心煩氣躁時，母乳會成水狀，而心情鎮定時，奶水則較濃厚。所謂濃厚即是成分較多之意。

並且，奶水的味道也因嬰兒是否剛開始吸吮或是結束時，有所不同的。亦是最初從爽口的味道到脂肪味濃厚的味道，最後成為清淡爽口的味道。

授乳中，母子享受於乳頭與嬰兒嘴唇的肌膚之親。母親與嬰兒彼此嗅其氣味，兩目凝視加深其愛情。偶爾，母親發出聲音時，嬰兒會停止吸吮，直望著母親注意傾聽。在這段時間，奶水會更加的分泌，嬰兒可以好好享受母乳的鮮美味道變化。

在這段過程中，嬰兒可以記得許多事情。

首先，在嬰兒接觸母親的肌膚開始，嬰兒從被擁抱學習了「安心」。其次，是從母親的笑容與眼睛對眼睛的交會學得「心理交流」。第三則是，從每回不同味道的母乳中，記得味覺的感受。而且從傾聽母親的談話中，學習說話等。

並且，經由這些事情可以培養柔順、溫馨的心理。

倘若，以母乳哺育幼兒，可使母子間的相互作用在自然中，深深的交會。是多麼美妙的事情啊！為何說母乳哺育為最好的理由，便是在此。

可是，因種種因素而非以牛乳餵哺時，記得將嬰兒抱起，兩眼互相凝視。並且一邊與他喃喃細語。如此便可以與母乳哺育相同，加深相互作用。

母乳哺育的重要，不僅僅是加深相互作用而已。母乳，特別是在初乳時期，可以保護幼兒感染細菌或濾過病毒，因為母

乳含有特別的蛋白質（免疫血球素、細胞免疫），可使不易患得疾病。初乳是從妊娠二～三個月左右開始隨著乳腺的發達而被製造的。而且，在分娩後，四～五天之間幾乎完全被分泌出來。然而，因為分娩後三～四個月之間，母乳中（成乳）也會分泌少許初乳的免疫抗體等，故最好至少持續餵哺四個月。

幼兒可以自己製造充分免疫力時，是在出生後五～六個月以後。因此，即使不得已需以牛乳餵哺情況時，不妨考慮也從同病房的人，分取一些母乳來餵哺嬰兒。

母乳分泌的好壞與乳房的大小是沒有關係的。為了使母乳哺育成功的實行，分娩後，及早讓嬰兒吸取母乳是相當重要的。分娩後，稍做小睡一番，等恢復疲勞，在產後八～十小時之後，開始哺乳最為適當。並且，每隔二、三小時讓嬰兒吸吮之後，最好以熱毛巾重複地揉擦。如此，大部分的母親在經過兩、三天後，奶水就能夠大量的分泌。

在此，亦有善於吸吮的嬰兒及不善於吸吮的嬰兒。有時是因為母親的乳房沒有充分地膨脹，以致於嬰兒急切於吸吮時，

▲使母乳易於分泌的方法

母乳不僅含有豐富的營養、免疫物質等，而且藉於嬰兒的吸吮作用，母親可以給與嬰兒安心、安慰及愛情。這一切都從嬰兒吸吮母親的乳頭開始。

生產後二～三天，乳腺會脹開、堅硬。這時以溫熱的毛巾加以搓揉。即使有些許的疼痛，也必須加以忍耐。儘量使乳頭的乳管張開吧。桶谷式的按摩方法是非常有效的。如果因為害怕疼痛而怠慢處置的話，奶水會無法分泌出來。

①不要太在意乳房的膨脹，儘量讓嬰兒吸吮。

②請下定決心以母乳哺育小孩。

③一有時間就多休息，早點恢復疲勞。

④精神上必須穩定，保持愉快的心情。

也無法配合。另外，就是母親的乳頭沒有適時地拉出，導致嬰兒吸吮困難。為了使母乳順暢地分泌，只好一樣地檢討，多次的嚐試，直至嬰兒順利地吸到乳頭為止。難得的母乳，會因為母親的抽煙、喝酒、藥品等而介入母親的血液中，並且從母乳流出來。不得不加以注意。

母乳是經由母親血液的營養成分，從乳腺組織中製造出來。所以母親體內的營養便傳入嬰兒的體內了。

然而，有抑止母乳分泌的藥，卻沒使母乳分泌的藥存在。所以為了努力做到順利哺育母乳，當然做母親的，還有丈夫及其周圍的人都需給與支助，直到斷奶（生後六個月）為止。因此，可以獲得母乳哺育的母子，對於今後的關係將會有很好的意義。

☆職業母親的母乳哺育

對於出生後的嬰兒，以母乳來哺育是極為自然的事情。向

⑤母親與嬰兒都需以舒適的姿勢授乳。
⑥身體（特別是乳房）不要使它冰冷，儘量保持溫暖。
⑦食物方面必須均衡地攝取營養（如溫熱的湯汁等）。

且，母親所做的努力也是理所當然之事。然而，對於職業婦女而言，也有可能成為困擾的情形。

生產後，育嬰假或停職期間大約有一年左右。倘若，具有保證可以復職時，那就沒什麼問題。可是，就許多不是生活在如此情況的現代婦女而言，可以說是母子的受難時代了。

雖是想以母乳哺育，可是在工作場所卻沒有可行的機構。到底是要選擇母乳哺育呢？或是選擇工作呢？從個人不同的境遇裡，那樣的選擇是非常牽強的。尚且，在無可奈何的情況下復職了，可是，盡可能餵與母乳是身為母親們的心情啊！

就在某位電視演員，將嬰兒帶至工作場所的休息室開始，引起了廣大的爭議。並且，在贊否兩論之中，我感受到傳統的某種趨勢。

「為人母親，以母乳哺育是天經地義的事。而從第三者的立場來想，同在一個工作崗位的同事來說，工作場所是神聖的（？）地方，不可如此，將個人的問題帶進來。別人的眼中，嬰兒是非常可愛的，但不允許被迫犧牲的。於別人也在場的工作地點，帶著嬰兒出勤，是件不愉快的事。個人的事情是不可以帶進。」哎呀，在這個社會，大概也有這樣的想法吧！

結果，在那種趨勢中，如何是兩者並存呢？或者是一方面工作，亦可一方面哺育母乳呢？這才是問題所在吧！

在工作場所，也設有保育設施，並且可於工作途中餵哺母乳的制度之前，是不可能的事。

從嬰兒成長的過程來說，母乳的重要性是可想而知的。所以生產後，停職或許是最好的方法。工作完畢，回到家裡再餵哺母乳，被認為比沒有總算還好吧！然而，大部分的人還是停止了餵哺母乳。最後，母乳哺育不得不放棄。

☆為培育出幸福的小孩

過去，懷孕的媳婦，總是回到娘家生產的。回娘家的日數也大約是產後三十天左右。古時候的情形，待在婆家，作媳婦的也不可總是麻煩婆婆的照顧，更不能安心的休養。如果在娘家生產，因為是自己的母親，所以在精神上、心理上也比較安心。產後，也可以好好地休養一番。

最近，在醫院生產變成理所當然的事。大概被認為不需像以前那樣的看護吧！還是，與父母親相離非常遙遠的緣故！這些習慣好像漸漸沒有了。

在醫院，健康的人不到一個星期就可以出院。然而，像生產這麼辛苦的工作，剛分娩完的母體，是還沒有完全復原的。況且，剛出生的嬰兒還需換尿片、餵奶等等呢！是不可能三個小時不叫母親的。為了配合這樣的事情，並且看著嬰兒滿足地入睡。即使這些是為人母親的幸福時刻，可是每天如此折騰下來，怎麼說都會造成睡眠不足的。

此時，再加上做菜、洗衣等家事後，好不容易在醫院分泌出來的奶水，將可能無法分泌。

對母親而言，現在最需要的就是休息與安慰。並且充分地把握與嬰兒之間的親膚關係，陶醉在成為母親的歡喜中……。

就在此時，周圍的人更需要給與作母親的人精神上的支持

。其中，給與她最大的依靠者，或許還是她娘家的母親了。如果沒有辦法得到母親的幫助時，做丈夫的、婆婆也需從旁幫她慢慢地去調適。

倘若沒有其他的助手，平常在家從不做家事的大男人也希望他能夠振作起來。如此，母體也會早日康復。而且，嬰兒在需要時，也可以擁有母親的照顧。

☆父親維繫著母子之間的關係

為人母親，今後做為撫養孩子的最大精神支柱，則是做母親的幸福感。喜悅於照顧孩子、與他說話……等等。有了那樣的心情，培育小孩便很容易。並且對小孩而言，那是比任何東西都來得安心且能夠健壯地成長，更是帶給他豐富的精神發育之契念。

由於身體的過度疲憊，可能造成心理的脆弱。在產後的早期階段裡，母親的精神不安定狀態，稱為產褥熱症候群。它會導致因撫育嬰兒所引起的神經衰弱，繼而產生疲倦、孤獨感。

任何嬰兒的出世，都能帶給母親著迷的魅力。這或許無法一個人生存的嬰兒，為了求生存的能力之一吧！因此，做母親的人總希望成為最稱職的母親。

因此，不免偶爾會有操之過急、不安的情緒產生。這時就是做父親的出擊機會了。撫育孩子並不是做母親一個人的事，往往由父親實行的任務將會漸漸地增加。到時，不管是母親與孩子、父親與孩子，而且母親與父親都應以妻子、丈夫的身份將心結合在一起，這才是最重要的。

母親撫育孩子的精神支柱，亦可說是父親對孩子的培育工作。如此，小孩本身的發育，母親的培育能力都能夠發揮最大的作用。那也是今後，父子之間良好關係的基礎。

為使母親能夠幸福地撫育子女，身為父親的人必須好好地善待母親。

嬰兒會因自己的存在，帶給周圍的人幸福。所以會愛惜自己，且使自己成長成可以獨立自主的人。

為了孩子將來燦爛的人生，請愉快地撫育小孩吧！

☆睡眠不足

分娩後，大約一個月，因嬰兒而異，不分晝夜大約三個小時左右就會要求餵奶。而且會因尿尿潮濕冷得哭泣等。因此母親不得不配合。有時半夜每隔一、兩個小時就會被吵醒之事，並不稀奇的。因此，自己的睡眠時間就無法持續。白天亦是如此的。難得家屬，特別是母親，即使要幫忙照顧，總是這樣一起熬夜，體力較差的老人家也會先累倒的。結果，還是嬰兒的母親必須一個人照料。

尙且，好不容易回到娘家休養，看見自己的母親，也就是嬰兒的外婆忙著照顧的情景。倒頭來還是變成任何事情都需自己處理了。另外，由婆婆來照顧的情形，大部分由於想當個好媳婦，還是多數自己背負沈重的負擔。心理上是不會輕鬆的。更何況丈夫的援助也是有限的。

產後的慢性睡眠不足，身心都會疲勞。而且乳水的分泌也會有不好的影響。致使給與嬰兒的本能義務感，將會無法達成的狀況。因此，將會發生慢性精神壓力，導致育兒神經衰弱或是造成產褥熱的發生原因。

因此，我建議產婦，將自己的奶水事先擠出，冷藏於冰箱。並且要讓產婦晚上的睡眠時間至少要維持六個小時。這段時間，祖母可將保存的母乳加溫，用奶瓶來餵哺嬰兒。當然，白天需要給祖母休息睡覺。

如此的輪流餵乳方式，如能在產後二、三個星期中實施，等嬰兒漸漸長大且能夠持續四、五個小時的睡眠。之後，母親就可以一個人照顧了。

母親，如果因睡眠不足而導致精神壓力，將會造成奶水分泌不調，嬰兒也會因為奶水的不足而發生半夜一、兩個小時就要求喝奶的惡性循環。

就產後睡眠不足的對策而言，對母親與嬰兒來說，是最初的難關，希望以合理的方法來實行才是。

☆有關多拉效果

關於母子關係，美國的Dona. Raphoel提倡了所謂多拉的概念。

自然界中，生物為了完成生命的接力賽，我們可以從構造中看見其所下的種種工夫。並且，在進化程度較高的哺乳動物世界裡，分娩育兒的過程，有雌性同伴的互相幫忙行為。我們可以從海豚、象、猿等的社會裡，明顯地看見那些行為。

即使是人類，早已從古代開始，就進行著這種互助的行動。那個時代，社會的文化特徵，從集體的儀式、生活習慣中或是宗教禁忌的世界概念中，流傳下來的東西非常多。

像這樣，常在妊婦、產婦、育嬰的母親身旁，從事各種幫忙的人稱為多拉（Doru希臘語），幫助之事稱為母親顧問。根據這些，妊產婦、產褥婦所接受的各種良好影響稱為多拉效果。

倘若，在家裡進行分娩時，當然有家族、友人、親戚的人，最初是女性同伴及有過分娩經驗等人的幫助。

在近代社會傾向於核心家庭中，不回家鄉而住進有分娩設施醫院的情形。雖然有專門的醫師、助產士、護士在，但是要完全發揮多拉的任務是不可能的，所以必定要求助於別人。

所謂多拉效果，不僅僅是在肉體上有人代替勞動的優點而已，並且根據母親顧問，給與妊婦、產婦、產褥婦安定的情緒，是有很大的心理效果。

多拉的不存在，得不到母親顧問的生命接力，將會引起妊產婦或母親的孤獨感。並且被指摘出母子兩者容易發生各種障礙的情形。

為了讓生命的拉力賽能夠更有規律地延續，在現代核心家庭傾向中，身為丈夫的人當然會被要求完成多拉的任務。尚且，雖是回故鄉分娩，在妊娠中及分娩後的育嬰時期，丈夫所扮演的多拉角色將更加重要。必須要有明確的認知才可。

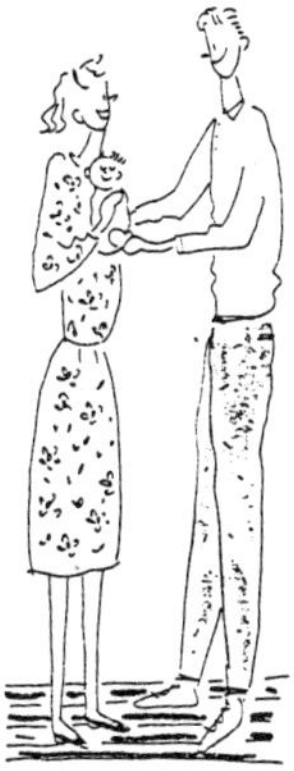

☆渡過產褥熱症候群（Maternity blues）

從母性本能至母性意識的發達，即使是從初乳開始的授乳一事，並非簡單的。嬰兒早在胎內已足夠地練習喝奶。可是，出生之後，從母親的乳頭吸吮奶水則是第一次。乳頭的大小、凹陷的程度，吸也吸不出的母乳，對嬰兒而言，皆是最初的不知如何是好的事情。肚子又餓、奶水又不出來，嬰兒將會暴躁發脾氣地哭了起來。

產後的二、三天，初乳是不會那麽充足的。即使母親拼命地擠壓、努力，也不容易大量流出的。況且，嬰兒煩躁地找不出方法。就這樣每兩、三小時的反覆中，母親與嬰兒都已精疲力竭。「母乳會出來嗎？」「嬰兒哭鬧著，怎麽辦呢？」母親信心也會受動搖，而且失控哭泣。這樣的情形是會持續數個月的。再經過一些日子後，大概母乳就能順利的分泌出來了。可是，在母親當中，也有人會就此放棄餵哺母乳的念頭。在那激

▲產褥期所發生的精神障礙

產褥熱症候群—Maternity blues—

分娩後二、三天，乳房會膨脹緊繃。從授乳開始七～十天，即使到習慣於母乳哺育的期間，會有一種過渡性抑鬱狀態。容易掉眼淚、失眠、不安、輕微的理智降低等跡象。據說發生率佔全產婦的十五～二十%，而以高齡初產為最多。

發生的原因是由於產褥期間，內分泌荷爾蒙的急劇變動所引起，也可以說是一種身心症。應該注意其病態背景的心理及社會因素。

此情緒性障礙的主體是由於任何母親都有的母性本能的發覺與從它所出發的母性意識的發達不足。亦可說是母性具體行動過程中所引起的躊躇。被指摘為在妊娠、生產、母乳

烈的生產暴風雨後，將平安生下來的孩子抱於懷中。然而在最初哺乳的階段，從母性意識的混亂及自信心喪失所形成的抑鬱狀態，更甚於從母性本能產生的滿足感。就是所謂的產褥熱症候群（Maternity blues）。

在這段時期，醫師、助產士、護士的指導或幫助。將可以視為在學習培育嬰兒的具體方法上，發揮很大的作用。

然而，在情緒的問題上，家族，特別是丈夫的多拉存在是需要的。住院中，即使是完全看護情況中，也會發生產褥熱症候群的。其原因就是在此。況且，丈夫的支援也被視為嬰兒生命的泉源。而且對母親而言，則是心理上最大的支柱。擁抱新生兒的母親喜悅，是從生命中湧上而來的。這個情緒是可以製造出安定的狀態的。

為了渡過產褥熱，身為多拉立場的丈夫，由於他的存在是持續於妊娠、生產、哺育中的。所以其作用應該是具有最大的效果的。

育嬰中支持著母親與孩子的丈夫，他的任務，如果只是工

哺育過程中，多拉的欠缺或不足所導致的。

因而，在夫婦間的爭吵或丈夫的不協力時，最易發生。一過性的較易治癒時期是經過授乳七～十天的體驗之後，經過母子相互作用的學習，自然就會朝著治癒方向前進。

然而，必須注意的是，從這種Maternity blues中，轉移成產褥抑鬱病的母親也是有的。

二、產褥抑鬱病

產褥抑鬱病是在產褥五、六週時發生的。抑鬱、不安、失眠、食慾低下等現象會持續數週～數個月以上的。必須接受專門醫師的治療。這段時間，必須減少做家事、育兒負擔，同時得到丈夫的支持。

特別必須注意自殺或帶著嬰兒同歸於盡的可能性發生。

三、產褥期精神症（急性錯亂等）

作而已，那絕對無法充分地發揮作用。譬如，雖然母親與嬰兒是居住在大家族中，多拉立場的陪伴或助手很多，然而，為了經常使母子關係安定的情緒根源，丈夫的存在是不可欠缺的。

相信各位應了解，那並非只是乳兒時代的問題而已。

☆有關產科手術

分娩之時，受母體的荷爾蒙影響，隨著胎兒的下降，組織水分會增加，細胞容易脫落，產道易伸縮且變得柔軟。

陰道壁、陰道入口，會陰部只要花點時間慢慢地伸縮，到了某程度是會擴張的。可是也有一定的限度。

而且，當胎兒急劇地下降時，由於無法充分地擴張而引起裂傷以使胎兒通過。因此，為了保護會陰，不管是初產或已有生產經驗者，實行開刀的例子也不少。

古時候生產的方法，為了避免這種會陰裂傷及之後的自然癒合所導致的後遺症。保護會陰成為助產士的最大工作。自然

在產後兩個星期內發生，導致精神錯亂，並需要住院治療。根據統計大約五○○人中有一人會患此病。

此外，從妊娠中至產後一年內，也會有幻覺、妄想等傾向的精神分裂。類此病症，在產褥期間，再發病的可能性相當高，大約是四十～五十％。

的會陰裂傷，不僅僅傷痕會變成複雜的形狀，而且會陰道入口的深部組織、血管也會複雜得被切斷。有時也會波及肛門或直腸，而引起裂痕。縫合的工作也不是容易的，有時縫合線被留於組織內的情形也不少。更嚴重的會引起感染。分娩後，產褥婦會長期間的痛苦，如果沒有處理好，也會有後遺症，必須再次進行手術。有時也會在產後持續疼痛數年的情形發生。

那種痛苦與疼痛是絕對不可忽視的。

並且，在分娩前胎兒的高度欠缺氧氣對頭部的壓迫，隨著時間所造成的分娩障礙會加在胎兒身上，更是不可不重視的地方。

諸如此種情況，如果對於會陰裂傷一事漫不經心且置而不顧的話，將無法保護會陰。

因此，無論初產或已有經驗者，如果嬰兒是健康的情形，假想為避免會陰裂傷，必須積極地實施會陰切開手術。

當然，在那種情形下也絕對需要保護會陰的。不只是要使其傷痕減少至最小，而且需防止更深層部位的裂傷。

如果，胎兒已有極明顯的缺氧情況發生，必須迅速地著手積極的解決方法。那就是即刻實行剖腹或鉗產或吸引分娩等。而且，當胎兒出生及胎盤也脫落後，再縫合產道的裂痕或剖腹傷痕。

☆會陰切開術

會陰部傷痕的縫合，如果是以埋入縫合線的情形，多少會留下硬塊。因人而異，有時也會永遠留下疼痛的。特別是當引起感染時，會長出肉芽組織（會旺盛地增殖的嫩肉結合組織）。產後，疼痛會持續數個月。

如果將非自己身體組織的縫合線留於皮下深層時，將是導致後遺症發生的原因。

如果是普通的縫合法，四、五天後必須拆線。在那段期間，拉扯或坐著都會引起疼痛的。但是拆線是非常簡單的，沒有任何疼痛，而且拆線後不會留在體內。所以不用害怕會有後遺症的發生。

為了逃離縫合的疼痛，且不要造成將來不斷疼痛的原因。希望能夠多忍耐，由於縫合所引起的疼痛。「有樂必有苦，有苦也必有樂」。接受會陰切開手術一事，曾有人指責為忽視，將分娩的孕婦的自主性。這並不是正確的想法。

近代由於否定了生產科學的合理想法，而採取單純、樸素的自然分娩為最適當的主張。這種觀念不儘是恢復了明治以前的形態，而且因為分娩管理，也暴露了母子高度危險性的例子頻傳。

在合理的、現代化的、科學的管理原則下，且謀求恢復產婦個人的自主性。並希望安全地朝向孕婦的原本姿態來迎接分娩。

☆鉗子分娩、吸引分娩

在分娩第二期（當子宮口張開至嬰兒可以通過並降到產道

時期），倘使發生嬰兒明顯地缺氧並有假死（心臟雖跳動著，但是生下後不立刻呼吸，一定的程度造成腦部缺氧的狀態）的恐懼、死產或是母體異常現象等，必須快速地完成生產時，用鉗子夾住嬰兒的頭或臀部，加壓使吸引杯吸著，快速地分娩出來的方法。

過去因為沒有剖腹生產，所以這種方法盛行一時。並且救活了許多嬰兒。然而，由於誤用及方法不正確，雖說是救命，但也會留下各種的障礙。

從反省中，曾經一時被停止使用。取而代之的就是帝王切開術了。可是，由於帝王切開手術的過於濫用，繼而因帝王開刀手術也造成了不可想像的併發症。曾經引起母體死亡事件。因此開始重新省思它的濫用，結果最近還成為有鉗子與吸引分娩的傾向出現。

本來醫療是以安全為目的，結果因改變了自然法之故，而使接受醫療技術方面，無論大小，當然也成了一種侵襲。這些是無法完全避免的。並且各種手術都含有此類的問題存在。

因為鉗子分娩是用冰冷的金屬器具來夾住，所以不加壓力於頭部是無法達成作用的。

然而，如果是技術熟練的醫師，可以避免過重地壓迫頭部或傷及皮膚及組織等，並達到手術目的。

所謂吸引分娩，就是金屬性或柔軟性的矽膠所製成的頭部接合器。它正當頭部而且由於吸引所發生的陰道壓力，使頭部固定住，再加以迴轉來幫助分娩。倘若，實行妥當，只會有輕微的頭部血腫或完全沒有任何血腫就可以完成分娩工作。

反正，此種分娩方式比進行帝王切開時期更能迅速地在骨盤附近施行。為使分娩及早完成，有時也會同時施行會陰側切開手術。

☆帝王切開術

帝王切開術是在骨盤狹窄等的產道異常或出血、胎兒的迫切假死等，母子生命發生危險的情況時，所施行的手術。

尤其是嬰兒在體重一五〇〇g以下生產的情形，依據骨盤位等，可能會有分娩後遺症的發生。例如，嬰兒極小，分娩過程相當簡單。雖然在母體方面不留下任何異常現象，為了嬰兒著想，帝王切開的安全性是可考慮的。

這在近三十年生產科學中，可說是最常被使用的手術。由於抗生物質、麻醉的進步，成為可以安全地同時救母子的王牌。因此，一時間成為產婦為了避免分娩痛苦的要求。

況且，美國等地，患者方面對於分娩時的醫療，有著強烈的期待感。因為只要有任何異常事情發生，醫師都必須負起全部責任。所以，為此，可以安全分娩的帝王切開有被廣泛使用的傾向。

現在，帝王切開術成為佔有分娩的二五％的適當比率。然而，日本在分娩中，母子的死亡率或分娩障礙，比美國來得少。所以帝王切開術率大約是美國的三分之一左右。或許正因如此產科醫師或助產士是相當辛苦的。

此外，更大的原因則是傳統的生命延續想法。也可以認為是因為產婦與醫師有著良好的默契，並且產婦也都明白支持新生命誕生的分娩意義。

只有自然分娩的方法，使嬰兒因為產道所產生的重要皮膚刺激，因而可以增強母親與孩子之間強烈的感情。這種想法是沒有理論根據的。由時間方面來看，在妊娠末期，胎內嬰兒由於羊水的減少與子宮內壁的不斷接觸之事，是較分娩時更為頻繁幾十倍呢？

與自然分娩嬰兒比較，帝王切開術後的嬰兒會有較不好情況產生之事。這個問題其關鍵處應獲重視，由於有不得不帝王切開的異常妊娠或異常分娩時，胎內環境對嬰兒的影響等因素吧！

至於，並不是異常且施行醫學上不適當的帝王切開手術的嬰兒問題。並非是嬰兒本身的問題而是培育嬰兒，以母親為中心的環境必須受重視才是。咬緊牙關忍耐激烈的痛苦與疼痛，幫助嬰兒的出世。擁有這種驕傲而培育嬰兒的母親，與為了逃避自己的痛苦而追求逃避的母親，其間的母性意識是有相當大的差異的。那不正是在育嬰中所呈現的反映嗎？

即使是由於異常關係而施行帝王切開手術，也希望做母親的人，不要放棄自然分娩的想法。

身為母親者，藉著妊娠、分娩過程，盡一切的努力給與嬰兒。因此，為了母親與嬰兒的生命，藉著醫師的幫助而想接受帝王切開手術時，希望母親仍然握住對骨肉強烈的母性意識，盡自己所能地完成這種榮耀。

從這出發點開始，就可與不施行剖腹生產的分娩完全不變的出發點開始養育孩子。亦可說是即使比平常分娩犧牲再大，也希望將健康的嬰兒抱於懷中的心情。

因為異常妊娠、分娩中異常因素發生，在必須施行帝王切開術時，一定不要作心理抵抗。坦率地前進，為了嬰兒接受帝王切開手術。

☆給職業婦女的建議

妊娠中，在不消耗太多體力及壓力極少的環境中，盡可能做一位普通的家庭主婦……的願望，只有我自己嗎？

由於社會方面、經濟方面，就連在懷孕中也必須工作，想到此種情況，不禁感到痛心，對於新生命的將降臨，身為母親者，誰都希望盡全力以赴。然而也是有其無可奈何的理由存在。

但是，站在胎兒環境的母體而言，我必須嚴肅地加以陳述不可。

第一、由勞動所引起的身心疲勞；只要是輕微的，以孕婦的高昂精神，在喜悅中是可以克服的。並且對胎兒是沒有不好的影響。況且勉強地留在家裡，過量地飲食且運動不足，擔心體重過分地增加等，前者來得較踏實吧！

然而，孕婦每天生活在肉體的疲勞累積及持續的精神壓力中，將會造成妊娠異常的原因。在此，讓我們思考幾個問題！

一、搭車通勤

在搭車通勤的情形上，比肉體上的疲勞，精神上的壓力較為大，應該避免因振動而影響胎兒。如果捲入了交通事故，那是最糟了。如非大都會，三十分鐘的行程可以說是最大限度。

二、搭乘市內電車通勤

即使健康的男性經過一個小時以上的通勤也會疲勞的。兩個小時以上就太不合理。

孕婦即使是一個小時以內，亦會有影響的。擁擠的尖峰時間，站立一個小時的情形，怎麼說都是不太好的。如果是有空位可以舒適地乘坐，即使是每天，也不會太勞累的。然而，從出勤開始，勞動量的增加，更嚴重的是回來時的人潮擁擠，等待著擠沙丁魚般的電車。而且加上回到家裡如果還有一堆家事等著做時，非得是超人般的體力與精神是不行的。這只是丈夫的幫助家事就可以解決的嗎？

三、勤務

長期間的集中注意力或是被要求強烈的精神力，在緊張中產生壓力的工作等等。對胎兒的發育是有負面影響的，並且也有早產、流產的危險性。還是比較舒適、單純的工作，且沒有強制規定工作量的工作，途中任何時候都可以休息的工作為最

適當。既然領了薪俸，是無法只想像這類的工作內容而已的。因此，如果懷孕就必須和上司好好地溝通。在工作崗位得到憐恤與理解是非常重要的。如果被嚴苛地期許著，到頭來還是會成為過分的勉強。

公司的休息日大都是星期日，而醫療機關普通也是休診的。而工作中的孕婦更需多做懷孕檢查。畢竟是需請假接受檢查。因此得到工作場所的理解是相當重要的。

況且，接受孕婦檢查時，不僅僅是得到有無異常的診斷即可回家。必須向醫師報告日常生活中的不適感或煩惱。還有工作的內容，今後的打算等。並且聽取好的忠告。只是被告知「沒有異樣」而沈默地回家是不夠的。

如果，稍有異樣，必須馬上放棄工作，回到做母親的崗位上來。接受診斷，並接受生活指導治療。

在妊娠初期，孕吐是一個問題。只要不是嚴重的話，孕吐是生理上的現象，並非一種疾病（一定期間自然會自癒的）。對本人或許是非常辛苦而難過的。即使工作也不會有效率的，

通勤更是一大負擔。就算想請休假，在醫學上，孕吐是不能以疾病開診斷書。

此問題在產後也會相繼出現。倘若想以母乳哺育孩子，由於工作疲倦的母親，即使想休息，因為不是疾病所以當然也拿不到診斷書的。就工作場所的立場而言，沒有醫師的診斷證明而准予假期，於現實是相當困難的。

倘使可以拿到診斷書，可以完全沒有接受任何治療時，診斷書的信賴性會受到懷疑。特別是孕婦如果休假，當要申請傷病補助金時，是相當窘困的一件事情。

☆現代周產期醫學的問題點

想必大家都聽說過周產期或周產期醫學等名詞。所謂周產期就是在這一段期間；一貫性的管理母親與孩子。從生產前後，可能發生的痲煩中，怎麼樣去救嬰兒。如果有什麼變化時，如何保護嬰兒，進行研究的工作。更具體的說，就是以產科醫學為中心的胎兒醫療為範圍，再根據小兒科、小兒外科醫學做為營救新生兒生命的醫療技術，且成為一個連接狀態。使醫療一體化的工作。

在這周產期醫學上所發生的問題有遺傳性疾病、胎芽病、胎兒病，再者早產兒的生產時，那些會使嬰兒腦部異常等而產下先天性異常兒、先天性弱體質兒等。

然而，目前小兒科醫學在生後治療先天異常兒之事，是極為困難的。

為了作早期診斷並且加以治療時，從胎兒的診斷與管理是非常重要的。在產科中是負有胎兒異常的發生預防及異常的早期治療使命的。

此類，因為異常所以不使生產或讓其等待自然淘汰而死亡之事，是產科醫學所無法任意施行的，假使已經知道有異常現象且治療效果也無法被期待時，只要是生存著生命，必須努力地去維續著它的生命才是。

然而，就孕婦方面而言，不想生出異常兒則是人之常情，

▲胎芽病

受精卵從受精至懷孕九個星期為止，被稱為胎芽（胚子）。在這段期間，由於受到放射線或化學物質，病原體等影響而產生異常病變，稱之為胎芽病。

也是最平常的想法。而立足於孕婦方面與以醫師的立場，對生命的奉獻與義務之間的產科醫學，包含了這些問題的日常診療將成為一條苦難的道路。因此，對於這方面的醫學進步更是有著強烈的期許。

並且，現在由於羊水診斷或各種醫療用電子機器的開發，胎兒的資訊較容易獲得，而正試驗各種的治療。

例如，在血液型的不適合情況下，可從測定羊水中的膽汁色素（血色素所代謝之物質）中做判斷。由胎兒輸血或新生兒交換輸血，可以成為挽救胎兒的方法。尙且，由於胎內手術的進步，從患水頭症的胎兒腦中，將其液體取出，使胎兒幾乎可以與正常嬰兒一樣出生。像這樣的例子也是有的。

在美國應有將子宮切開後，半取出胎兒，當做完手術後再放回子宮內的成功報告出來。

然而，目前一切的胚子，胎兒期異常的完全診斷及治療階段並未到來。即使可以做診斷，可是治療也是剛起步而已。其中，胎兒醫學（胎兒外科）的進步，可使將面臨死亡的嬰兒的

▲羊水診斷

從子宮腔內取出羊水進行檢查，可以藉此診斷遺傳性疾病、胎兒性別、胎兒的成熟程度。

生命得救。它的成果可說是極大。

這些成果將朝著將來胎兒醫學的目標，踏出第一步。

☆人工受精的考慮

在周產期醫學中，除了討論對於異常嬰兒做何處理外，並且提出了對於無法生小孩的人，給與人工受精或體外受精的手術。

所謂人工受精即是夫婦個別為了妊娠所接受的治療，而在完全沒有效果時，將施與人工的受精方法。

以體外受精先驅者為大家所熟知的英國史蒂希多博士、耶多華多博士，對有關體外受精一事，做了以下的敍述。

「所謂不孕症不僅是不能生產小孩的問題而已。而是為了此事正煩惱著夫婦兩人的問題。可以幫助他們的，不正是所謂的人道嗎？我們就是在幫助連神明都不知所措的事情。」

可是體外受精才剛開始起步，還沒有被完成。成功率也只有十～二十%的低微情況。因此，為了提高成功率，使用排卵誘發劑，採取幾個卵子。有時也會製造複數個受精卵。至於還無法移植時，會將它加以冷凍保存。

為了維護大家的幸福，符合社會的需求，人工受精或體外受精、凍結受精卵的妊娠、胎內手術等的新知識或技術漸漸地被開發出來。在產科以外，臟器移植的問題、腦死——人類對死所下的新基準等也正在進行研究。

這樣發達的科學，在某一方面也有新的問題產生。特別在救命醫學裡，常常是迴旋在何謂生命的哲學、倫理問題上。當新技術被開發出來時，基礎的自然科學與宗教觀念之間的漏洞也共同成為問題了。

自然科學的發達包含了醫學的發達，從服務人類文明與幸福的立場開始。雖說我技術的開發，然而不可否定體外受精本身的問題。對於純粹為不孕而煩惱的夫婦來說，事實上是非常大的福音。但是如果輸卵管阻塞時，必須以顯微手術方法做數次的疏通輸卵管。

到目前為止，醫學，從無法解決不孕症情形開始，到必須接受體外受精問題，為了容易求取技術利益，中途就放棄疏通排卵管的努力，而走向體外受精之路。以無法想像的體外受精為方向的「借腹生子」……將受精卵著床其他的女性體內……等事情。這類的技術在日本還是一大問題。

尚且，從尊重生命的立場來看，對於處理卵子或受精卵的方法，表示有需要慎重考慮的意見。

從我們代代延續的生命中來探考，如果夫婦生命的延續，可藉著體外受精而成為可能的時候。將會與為了治療蟲垂炎或癌，而不考慮因手術所帶來的傷害同樣的，以配偶的卵或受精卵作為目的，即使是技術處理的對象，只要夫婦能獲得其一同理解，為了夫婦的幸福，只要是醫學上需要的，是不會有問題的。

我們對於各種部門的醫療技術進步感到贊嘆。只是關於那些醫療技術是否施用於原本的目的，在倫理的立場，必須嚴格地加以管理。

▲顯微手術

對於非常細小的血管或器官在進行手術時，有時用肉眼很難施行。顯微手術是正當那時被採用的方法，即是使用手術用的顯微鏡施行手術。以治療不孕症為主，為了恢復輸卵管的機能而被使用。

☆從「被生產」到「生產」

現在大部分的嬰兒，是在有近代化設備的醫院或產院中出生的。因此，過去由於家庭分娩而導致無法得救的許多母子的生命，在此可以成功地得救。根據厚生省監修的「母子衛生主要統計」的手冊中，一九五五年當時死亡的孕婦是三〇九五人（相當於出生十萬人的死亡率是一七八・八人）。在一九八七年是一六二人（同一二・〇人），幼兒死亡也從一九五五年的六八八〇一人（相當於出生人口一〇〇〇人的死亡率是三九・八人），減少到一九八七年的六七〇九人（同五・〇人）。在短短的三二年間，死亡的母親是三二年前的五・二%，嬰兒九・八%的急劇下降。

然而，為了追求安全性的生產近代化，有時也會使母親忘記幫助新生命出生的機會。

在大醫院中，產婦將會被送進去密閉的分娩室。於閃閃明亮的照明中，在肚子上裝置監視分娩用的儀器。從儀器傳來胎兒的心音、心跳數、陣痛強度等訊息。並加以安全管理。確實是具有安全性的保護作用，可是孕婦的不安心態總是無法應付。

本來，生產就是「等待自然的出生」事情。可是根據白皮書中所記載的，公立、私立、個人醫院中，也有接受孕婦的要求，使用陣痛促進劑等，計劃性地施行生產工作情形。

除了為研究分娩機序，得到孕婦的同意之外，亦有依照孕婦的要求或醫療方面的便利，無視孕婦的產道生產準備狀態，立即施行計劃分娩。現代醫療技術被認為有不少異常的發生。因此，不能否定有其必要藉助於帝王切開、鉗子分娩等傾向發生。有時也會造成醫原性障礙原因。因此，能夠安心地分娩情況也是愈來愈遙遠了。

近來由於妊娠初期的超音波檢查，預產期也較能夠正確地推算出來。與原始的只算最後月經為基準的想法較為準確了。因此接受妊娠初期管理的孕婦，不會再有超過分娩時間兩個星期以上仍不分娩的情況發生。妊娠末期所引起孕婦不安的因素也減少了。

從分娩前的陣痛開始，乃至分娩進行中，如果沒有重視母親與胎兒的相互關係，即促使其子宮收縮進行分娩。在醫學上當然是不合理的。

最近，無論是美國、歐洲、日本的年輕夫婦中，從過去的「被生產的分娩」至靠自己的「生產的分娩」。對於生產意識也逐漸地在改變。而且，如果希望自然的生產，不管是在醫院或產房中，為了使丈夫充分地學習分娩的常識，通常會叫他進入分娩室。在生產的地方，讓他重新感受人情味。如此情況也增加了。

那麼，從二〇〇萬年前，自地球上發現人類以來。在一般的女性身體中就代代分娩了好幾萬次了。這種能力被組合進入遺傳因子的方程式中，流傳至今。並且經過自然淘汰，更合理的進化過來。

讓嬰兒出生的結構或能力是無法依照孕婦的意志的。因為分娩的開始時間或進行過程是與產婦的意志毫無關係。因此也是造成產婦不安與痛苦的原因。即使從「被生產」的意識轉至「生產」，也是件不容易的事情。由於欲求於迅速且輕鬆的生產意識，只是愈加重其疲勞與痛苦罷了。

根據人類種族本能的能力，結果還是由於產婦本身體內原有的能力而「被生產」的。產婦本身要控制是不可能的。因此必須借助醫師或助產士的力量來施行分娩。

產婦希望以自己的意志去「生產」，因此學習分娩法。即使在緊急的情況下施行，陣痛也不能依照自己的意志而行。結果為了配合分娩的進行，努力地去做補助動作。藉此使自己的意志力發揮在分娩上。

然而在此，改變一下原有的想法，試著不將視點集中於產婦而轉移於嬰兒看看。此時，嬰兒已經成熟，胎內的生活環境也已經不合適了。因此向母體發出分娩的信號。於是分娩機構在接收到GO的信號後，便開始行動，分娩就此進行下去了。

換句話，分娩是嬰兒出生之事，為了嬰兒的出世，母體必須成為本能的助手。一切並非要使產婦陷於痛苦或不安的疾病及異常，而是對於將降臨的新生命，在產婦身體內具有的生殖機能使成為助手的現象。

這種現象，產婦應給與理解。以便當嬰兒要出生時，以什麼樣的狀態去迎接且了解什麼事情對嬰兒是一種障礙，並且產婦應該學習如何地去改善它。因此，這些事情並不是安全地依賴醫師或助產士，產婦應該盡力地以母親的身份去區分它。

在此，母親並不是以逃避的姿態，而是根據「不可使嬰兒受苦」「希望幫助嬰兒的出生」的意志去活動。並且施與母愛的分娩方式。

這也是分娩意識將從「被生產」轉變成「生產」，而成為「幫助嬰兒出生的母愛行為」的理由。

產婦的意志如果可以到達此境界，分娩本身具有的種族本能，就不會發生矛盾。痛苦也不再是問題。屆時，分娩就是為了嬰兒，並且給與做母親的一個美妙的機會。因此，分娩中請以微笑、喜悅去鼓舞這愛的動作。

後　序

早先在厚生省母子相互作用研究班班長，東大名譽教授、國立小兒醫院院長小林登先生的推薦下，監修了『胎教二八〇天（從胎內來育兒）』，而於一九八五年六月二十八日，初版推出。

爾後四年，接到讀者極大的回響，是我所意想不到的，尤其是年輕孕婦及不分男女，從各個年齡層寄來了如雪花般的信件。

在當今這個社會上，對妊娠、分娩、育兒的社會關心高乎想像之外，尤其是隨著職業婦女的增加，這些問題成為女性最切身的問題。

在經濟高度的成長下，在複雜的社會中，我們的生活步調變快了，生活環境也越來嚴苛。物質生活雖然很豐富，但也喪失了心靈的閒暇，在日復一日的生活中，我們甚至逐漸喪失了對自我的省思時間。

妊娠、分娩、育兒在我們的人生之中，身負著延續生命之責，我從衆多來信中看出了讀者的心渴望著與遙遠的未來相關之浪漫的世界。

本書初版問世之後，使世人對妊娠、分娩、育兒的關心提昇了，說是在社會的潮流之中，看見了變化的預兆亦不過言！幾家女性雜誌出版社，把有關妊娠、分娩、育兒的母親之詳細內容，每月刊登，認真地以現代風格來處理，擄獲了衆多的讀者。此外還出版了許多有關是類問題的單行本。

但，在另一方面，也有把妊娠、分娩作為商業訴求而加以流行化的趨向，而產生了一部分太過火的風潮。如果為了證明愛胎內的骨肉，慈母愛，思其將來的母性愛，也強烈地存在於年輕孕婦者的心中，則不是過於吹毛求疵嗎？應隨著時間來糾正過火的地方。

觀看以往的生產，在最近三十年間，從家庭分娩到尋求更具安全性的設施分娩，分娩的方式逐漸在改變。抑或是一種流行吧！最近因恐發生少數的異常，而有完全在超市中購買生產用品，集中於生產特定的醫院之趨向。

結果，以母子安全為目的的醫學上的努力越高，對產婦方面而言，逐漸接受了被管理的生產、沒有發揮母性愛餘地的生產。

生命延續的現象，至今在科學上仍有很多難以解釋的問題存在，本來，女性的身體就天生具有產生新生命的能力。

藉著閱讀本書，希望使每個孕婦都能由高度的醫療支持著，一面注視於安全性，一面重新找到母性的意識，對於新生命的誕生，以身為母親來給予幫忙，建立母子間強烈的牽繫，恢復本來的能力。

昔稱「養育之恩大於生育之恩」，這句話就是要告訴我們，要用心去建立和孩子間的關係，否則是無法建立真正的母子情緣。

本書係與把生產流行化、大量生產化的現代潮流絕對相反，而是從重視母子間的關係來下筆的。

在改訂新版中，一面繼續承接初版中的形式，一面應讀者的要求，添加了產科學上的知識。

如果本書能對將結婚的人、已懷孕待產的人有所幫助的話，實為本人之幸。此外，我還要讀者們體會類似於婦產科醫生、護士及孕產婦們的祈禱之需求，作為人母之愛的呼聲。

夏山英一

大展出版社有限公司　圖書目錄

地址：台北市北投區11204　致遠一路二段12巷1號
電話：(02) 8236031　8236033
郵撥：0166955～1
傳眞：(02) 8272069

•法律專欄連載•電腦編號58

台大法學院　法律學系／策劃　法律服務社／編著

①別讓您的權利睡著了[1]	180元
②別讓您的權利睡著了[2]	180元

•婦幼天地•電腦編號16

①八萬人減肥成果	黃靜香譯	150元
②三分鐘減肥體操	楊鴻儒譯	130元
③窈窕淑女美髮秘訣	柯素娥譯	130元
④使妳更迷人	成　玉譯	130元
⑤女性的更年期	官舒妍編譯	130元
⑥胎內育兒法	李玉瓊編譯	120元
⑦愛與學習	蕭京凌編譯	120元
⑧初次懷孕與生產	婦幼天地編譯組	180元
⑨初次育兒12個月	婦幼天地編譯組	180元
⑩斷乳食與幼兒食	婦幼天地編譯組	180元
⑪培養幼兒能力與性向	婦幼天地編譯組	180元
⑫培養幼兒創造力的玩具與遊戲	婦幼天地編譯組	180元
⑬幼兒的症狀與疾病	婦幼天地編譯組	180元
⑭腿部苗條健美法	婦幼天地編譯組	150元
⑮女性腰痛別忽視	婦幼天地編譯組	130元
⑯舒展身心體操術	李玉瓊編譯	130元
⑰三分鐘臉部體操	趙薇妮著	120元
⑱生動的笑容表情術	趙薇妮著	120元
⑲心曠神怡減肥法	川津祐介著	130元
⑳內衣使妳更美麗	陳玄茹譯	130元

•青春天地•電腦編號17

①A血型與星座	柯素娥編譯	120元

②B血型與星座	柯素娥編譯	120元
③O血型與星座	柯素娥編譯	120元
④AB血型與星座	柯素娥編譯	120元
⑤青春期性教室	呂貴嵐編譯	130元
⑥事半功倍讀書法	王毅希編譯	130元
⑦難解數學破題	宋釗宜編譯	130元
⑧速算解題技巧	宋釗宜編譯	130元
⑨小論文寫作秘訣	林顯茂編譯	120元
⑩視力恢復！超速讀術	江錦雲譯	130元
⑪中學生野外遊戲	熊谷康編著	120元
⑫恐怖極短篇	柯素娥編譯	130元
⑬恐怖夜話	小毛驢編譯	130元
⑭恐怖幽默短篇	小毛驢編譯	120元
⑮黑色幽默短篇	小毛驢編譯	120元
⑯靈異怪談	小毛驢編譯	130元
⑰錯覺遊戲	小毛驢編譯	130元
⑱整人遊戲	小毛驢編譯	120元
⑲有趣的超常識	柯素娥編譯	130元
⑳哦！原來如此	林慶旺編譯	130元
㉑趣味競賽100種	劉名揚編譯	120元
㉒數學謎題入門	宋釗宜編譯	150元
㉓數學謎題解析	宋釗宜編譯	150元
㉔透視男女心理	林慶旺編譯	120元
㉕少女情懷的自白	李桂蘭編譯	120元
㉖由兄弟姊妹看命運	李玉瓊編譯	130元
㉗趣味的科學魔術	林慶旺編譯	150元
㉘趣味的心理實驗室	李燕玲編譯	150元
㉙愛與性心理測驗	小毛驢編譯	130元
㉚刑案推理解謎	小毛驢編譯	130元
㉛偵探常識推理	小毛驢編繹	130元

・健 康 天 地・電腦編號18

①壓力的預防與治療	柯素娥編譯	130元
②超科學氣的魔力	柯素娥編譯	130元
③尿療法治病的神奇	中尾良一著	130元
④鐵證如山的尿療法奇蹟	廖玉山譯	120元
⑤一日斷食健康法	葉慈容編譯	120元
⑥胃部強健法	陳炳崑譯	120元
⑦癌症早期檢查法	廖松濤譯	130元

⑧老人痴呆症防止法	柯素娥編譯	130元
⑨松葉汁健康飲料	陳麗芬編譯	130元

•超現實心理講座• 電腦編號22

①超意識覺醒法	詹蔚芬編譯	130元
②護摩秘法與人生	劉名揚編譯	130元
③秘法！超級仙術入門	陸　明譯	150元

•心 靈 雅 集• 電腦編號00

①禪言佛語看人生	松濤弘道著	150元
②禪密教的奧秘	葉逯謙譯	120元
③觀音大法力	田口日勝著	120元
④觀音法力的大功德	田口日勝著	120元
⑤達摩禪106智慧	劉華亭編譯	150元
⑥有趣的佛教研究	葉逯謙編譯	120元
⑦夢的開運法	蕭京凌譯	130元
⑧禪學智慧	柯素娥編譯	130元
⑨女性佛教入門	許俐萍譯	110元
⑩佛像小百科	心靈雅集編譯組	130元
⑪佛教小百科趣談	心靈雅集編譯組	120元
⑫佛教小百科漫談	心靈雅集編譯組	150元
⑬佛教知識小百科	心靈雅集編譯組	150元
⑭佛學名言智慧	松濤弘道著	180元
⑮釋迦名言智慧	松濤弘道著	180元
⑯活人禪	平田精耕著	120元
⑰坐禪入門	柯素娥編譯	120元
⑱現代禪悟	柯素娥編譯	130元
⑲道元禪師語錄	心靈雅集編譯組	130元
⑳佛學經典指南	心靈雅集編譯組	130元
㉑何謂「生」　阿含經	心靈雅集編譯組	130元
㉒一切皆空　般若心經	心靈雅集編譯組	130元
㉓超越迷惘　法句經	心靈雅集編譯組	130元
㉔開拓宇宙觀　華嚴經	心靈雅集編譯組	130元
㉕真實之道　法華經	心靈雅集編譯組	130元
㉖自由自在　涅槃經	心靈雅集編譯組	130元
㉗沈默的教示　維摩經	心靈雅集編譯組	130元
㉘開通心眼　佛語佛戒	心靈雅集編譯組	130元
㉙揭秘寶庫　密教經典	心靈雅集編譯組	130元
㉚坐禪與養生	廖松濤譯	110元

㉛釋尊十戒	柯素娥編譯	120元
㉜佛法與神通	劉欣如編著	120元
㉝悟（正法眼藏的世界）	柯素娥編譯	120元
㉞只管打坐	劉欣如編譯	120元
㉟喬答摩・佛陀傳	劉欣如編著	120元
㊱唐玄奘留學記	劉欣如編譯	120元
㊲佛教的人生觀	劉欣如編譯	110元
㊳無門關（上卷）	心靈雅集編譯組	150元
㊴無門關（下卷）	心靈雅集編譯組	150元
㊵業的思想	劉欣如編著	130元
㊶		

•經 營 管 理•電腦編號01

◎創新經營六十六大計（精）	蔡弘文編	780元
①如何獲取生意情報	蘇燕謀譯	110元
②經濟常識問答	蘇燕謀譯	130元
③股票致富68秘訣	簡文祥譯	100元
④台灣商戰風雲錄	陳中雄著	120元
⑤推銷大王秘錄	原一平著	100元
⑥新創意・賺大錢	王家成譯	90元
⑦工廠管理新手法	琪　輝著	120元
⑧奇蹟推銷術	蘇燕謀譯	100元
⑨經營參謀	柯順隆譯	120元
⑩美國實業24小時	柯順隆譯	80元
⑪撼動人心的推銷法	原一平著	120元
⑫高竿經營法	蔡弘文編	120元
⑬如何掌握顧客	柯順隆譯	150元
⑭一等一賺錢策略	蔡弘文編	120元
⑮世界經濟戰爭	約翰・渥洛諾夫著	120元
⑯成功經營妙方	鐘文訓著	120元
⑰一流的管理	蔡弘文編	150元
⑱外國人看中韓經濟	劉華亭譯	150元
⑲企業不良幹部群相	琪輝編著	120元
⑳突破商場人際學	林振輝編著	90元
㉑無中生有術	琪輝編著	140元
㉒如何使女人打開錢包	林振輝編著	100元
㉓操縱上司術	邑井操著	90元
㉔小公司經營策略	王嘉誠著	100元
㉕成功的會議技巧	鐘文訓編譯	100元
㉖新時代老闆學	黃柏松編著	100元

㉗如何創造商場智囊團	林振輝編譯	150元
㉘十分鐘推銷術	林振輝編譯	120元
㉙五分鐘育才	黃柏松編譯	100元
㉚成功商場戰術	陸明編譯	100元
㉛商場談話技巧	劉華亭編譯	120元
㉜企業帝王學	鐘文訓譯	90元
㉝自我經濟學	廖松濤編譯	100元
㉞一流的經營	陶田生編著	120元
㉟女性職員管理術	王昭國編譯	120元
㊱ＩＢＭ的人事管理	鐘文訓編譯	150元
㊲現代電腦常識	王昭國編譯	150元
㊳電腦管理的危機	鐘文訓編譯	120元
㊴如何發揮廣告效果	王昭國編譯	150元
㊵最新管理技巧	王昭國編譯	150元
㊶一流推銷術	廖松濤編譯	120元
㊷包裝與促銷技巧	王昭國編譯	130元
㊸企業王國指揮塔	松下幸之助著	120元
㊹企業精銳兵團	松下幸之助著	120元
㊺企業人事管理	松下幸之助著	100元
㊻華僑經商致富術	廖松濤編譯	130元
㊼豐田式銷售技巧	廖松濤編譯	120元
㊽如何掌握銷售技巧	王昭國編著	130元
㊾一分鐘推銷員	廖松濤譯	90元
㊿洞燭機先的經營	鐘文訓編譯	150元
51ＩＢＭ成功商法	巴克・羅傑斯著	130元
52新世紀的服務業	鐘文訓編譯	100元
53成功的領導者	廖松濤編譯	120元
54女推銷員成功術	李玉瓊編譯	130元
55ＩＢＭ人才培育術	鐘文訓編譯	100元
56企業人自我突破法	黃琪輝編著	150元
57超級經理人	羅拔・海勒著	100元
58財富開發術	蔡弘文編著	130元
59成功的店舖設計	鐘文訓編著	150元
60靈巧者成功術	鐘文訓編譯	150元
61企管回春法	蔡弘文編著	130元
62小企業經營指南	鐘文訓編譯	100元
63商場致勝名言	鐘文訓編譯	150元
64迎接商業新時代	廖松濤編譯	100元
65透視日本企業管理	廖松濤　譯	100元
66新手股票投資入門	何朝乾　編	150元
67上揚股與下跌股	何朝乾編譯	150元

㊳股票速成學	何朝乾編譯	180元
㊴理財與股票投資策略	黃俊豪編著	180元
㊵黃金投資策略	黃俊豪編著	180元
㊶厚黑管理學	廖松濤編譯	180元
㊷股市致勝格言	呂梅莎編譯	180元
㊸透視西武集團	林谷燁編譯	150元
㊹推銷改變我的一生	柯素娥　譯	120元
㊺推銷始於被拒	盧媚璟　譯	120元
㊻巡迴行銷術	陳蒼杰譯	150元
㊼推銷的魔術	王嘉誠譯	120元
㊽60秒指導部屬	周蓮芬編譯	150元
㊾精銳女推銷員特訓	李玉瓊編譯	130元
㊿企劃、提案、報告圖表的技巧	鄭　汶　譯	180元
81海外不動產投資	許達守編譯	150元
82八百件的世界策略	李玉瓊譯	150元
83服務業品質管理	吳宜芬譯	180元
84零庫存銷售	黃東謙編譯	150元
85三分鐘推銷管理	劉名揚編譯	150元
86推銷大王奮鬥史	原一平著	150元
87豐田汽車的生產管理	林谷燁編譯	元

・成功寶庫・ 電腦編號02

①上班族交際術	江森滋著	100元
②拍馬屁訣竅	廖玉山編譯	110元
③一分鐘適應法	林曉陽譯	90元
④聽話的藝術	歐陽輝編譯	110元
⑤人心透視術	多湖輝著	100元
⑥克服逆境的智慧	廖松濤　譯	100元
⑦不可思議的人性心理	多湖輝　著	120元
⑧成功的人生哲學	劉明和　譯	120元
⑨求職轉業成功術	陳　義編著	110元
⑩上班族禮儀	廖玉山編著	120元
⑪接近心理學	李玉瓊編著	100元
⑫創造自信的新人生	廖松濤編著	120元
⑬卡耐基的人生指南	林曉鐘編譯	120元
⑭上班族如何出人頭地	廖松濤編著	100元
⑮神奇瞬間瞑想法	廖松濤編譯	100元
⑯人生成功之鑰	楊意苓編著	150元
⑰當一個享受成功的人	戴恆雄編著	100元
⑱潛在心理術	多湖輝　著	100元

⑲給企業人的諍言	鐘文訓編著	120元
⑳企業家自律訓練法	陳　義編譯	100元
㉑上班族妖怪學	廖松濤編著	100元
㉒猶太人縱橫世界的奇蹟	孟佑政編著	110元
㉓訪問推銷術	黃静香編著	130元
㉔改運的秘訣	吳秀美　譯	120元
㉕你是上班族中強者	嚴思圖編著	100元
㉖向失敗挑戰	黃静香編著	100元
㉗成功心理學	陳蒼杰　譯	100元
㉘墨菲成功定律	吳秀美　譯	130元
㉙機智應對術	李玉瓊編著	130元
㉚成功頓悟100則	蕭京凌編譯	130元
㉛掌握好運100則	蕭京凌編譯	110元
㉜知性幽默	李玉瓊編譯	130元
㉝熟記對方絕招	黃静香編譯	100元
㉞男性成功秘訣	陳蒼杰編譯	130元
㉟超越巔峯者	C・加菲爾德著	130元
㊱業務員成功秘方	李玉瓊編著	120元
㊲察言觀色的技巧	劉華亭編著	130元
㊳一流領導力	施義彥編譯	120元
㊴一流說服力	李玉瓊編著	130元
㊵30秒鐘推銷術	廖松濤編譯	120元
㊶猶太成功商法	周蓮芬編譯	120元
㊷尖端時代行銷策略	陳蒼杰編著	100元
㊸顧客管理學	廖松濤編著	100元
㊹如何使對方說Yes	程　羲編著	150元
㊺如何提高工作效率	劉華亭編著	150元
㊻企業戰術必勝法	黃静香編著	130元
㊼上班族口才學	楊鴻儒譯	120元
㊽上班族新鮮人須知	程　羲編著	120元
㊾如何左右逢源	程　羲編著	130元
㊿語言的心理戰	多湖輝著	130元
(51)扣人心弦演說術	劉名揚編著	120元
(52)八面玲瓏成功術	陳　羲譯	130元
(53)如何增進記憶力、集中力	廖松濤譯	130元
(54)頂尖領導人物	陳蒼杰譯	120元
(55)性惡企業管理學	陳蒼杰譯	130元
(56)自我啟發200招	楊鴻儒編著	150元
(57)做個傑出女職員	劉名揚編著	130元
(58)靈活的集團營運術	楊鴻儒編著	120元
(59)必勝交涉強化法	陳蒼杰譯	120元

⑩個案研究活用法	楊鴻儒編著	130元
⑪企業教育訓練遊戲	楊鴻儒編著	120元
⑫管理者的智慧	程　義編譯	130元
⑬做個佼佼管理者	馬筱莉編譯	130元
⑭智慧型說話技巧	沈永嘉編譯	130元
⑮歌德人生箴言	沈永嘉編譯	150元
⑯活用佛學於經營	松濤弘道著	150元
⑰活用禪學於企業	柯素娥編譯	130元
⑱詭辯的智慧	沈永嘉編譯	130元
⑲幽默詭辯術	廖玉山編譯	130元
⑳拿破崙智慧箴言	柯素娥編譯	130元
㉑自我培育・超越	蕭京凌編譯	150元
㉒深層心理術	多湖輝著	130元
㉓深層語言術	多湖輝著	130元
㉔時間即一切	沈永嘉編譯	130元
㉕自我脫胎換骨	柯素娥譯	150元
㉖贏在起跑點—人才培育鐵則	楊鴻儒編譯	150元
㉗做一枚活棋	李玉瓊編譯	130元
㉘面試成功戰略	柯素娥編譯	130元
㉙自我介紹與社交禮儀	柯素娥編譯	130元
㉚說NO的技巧	廖玉山編譯	130元
㉛瞬間攻破心防法	廖玉山編譯	120元
㉜改變一生的名言	李玉瓊編譯	130元
㉝性格性向創前程	楊鴻儒編譯	130元
㉞訪問行銷新竅門	廖玉山編譯	150元
㉟無所不達的推銷話術	李玉瓊編譯	150元

・處世智慧・ 電腦編號03

①如何改變你自己	陸明編譯	90元
②人性心理陷阱	多湖輝著	90元
③面對面的心理戰術	多湖輝著	90元
④幽默說話術	林振輝編譯	120元
⑤讀書36計	黃柏松編譯	110元
⑥靈感成功術	譚繼山編譯	80元
⑦如何使人對你好感	張文志譯	110元
⑧扭轉一生的五分鐘	黃柏松編譯	100元
⑨知人、知面、知其心	林振輝譯	110元
⑩現代人的詭計	林振輝譯	100元
⑪怎樣突破人性弱點	摩　根著	90元
⑫如何利用你的時間	蘇遠謀譯	80元

⑬口才必勝術	黃柏松編譯	120元
⑭女性的智慧	譚繼山編譯	90元
⑮如何突破孤獨	張文志編譯	80元
⑯人生的體驗	陸明編譯	80元
⑰微笑社交術	張芳明譯	90元
⑱幽默吹牛術	金子登著	90元
⑲攻心說服術	多湖輝著	100元
⑳當機立斷	陸明編譯	70元
㉑勝利者的戰略	宋恩臨編譯	80元
㉒如何交朋友	安紀芳編著	70元
㉓鬥智奇謀（諸葛孔明兵法）	陳炳崑著	70元
㉔慧心良言	亦　奇著	80元
㉕名家慧語	蔡逸鴻主編	90元
㉖金色的人生	皮爾著	80元
㉗稱霸者啟示金言	黃柏松編譯	90元
㉘如何發揮你的潛能	陸明編譯	90元
㉙女人身態語言學	李常傳譯	100元
㉚摸透女人心	張文志譯	90元
㉛現代戀愛秘訣	王家成譯	70元
㉜給女人的悄悄話	妮倩編譯	90元
㉝行為語言的奧秘	歆夫編譯	110元
㉞如何開拓快樂人生	陸明編譯	90元
㉟驚人時間活用法	鐘文訓譯	80元
㊱成功的捷徑	鐘文訓譯	70元
㊲幽默逗笑術	林振輝著	120元
㊳活用血型讀書法	陳炳崑譯	80元
㊴心　燈	葉于模著	100元
㊵當心受騙	林顯茂譯	90元
㊶心・體・命運	蘇燕謀譯	70元
㊷如何使頭腦更敏銳	陸明編譯	70元
㊸宮本武藏五輪書金言錄	宮本武藏著	100元
㊹厚黑說服術	多湖輝著	90元
㊺勇者的智慧	黃柏松編譯	80元
㊻善意的心理騙術	多湖輝著	75元
㊼成熟的愛	林振輝譯	120元
㊽現代女性駕馭術	蔡德華著	90元
㊾禁忌遊戲	酒井潔著	90元
㊿自我表現術	多湖輝著	100元
51女性的魅力・年齡	廖玉山譯	90元
52摸透男人心	劉華亭編譯	80元
53如何達成願望	謝世輝著	90元

㊹創造奇蹟的「想念法」	謝世輝著	90元
㊺創造成功奇蹟	謝世輝著	90元
㊻男女幽默趣典	劉華亭譯	90元
㊼幻想與成功	廖松濤譯	80元
㊽反派角色的啟示	廖松濤編譯	70元
㊾現代女性須知	劉華亭編著	75元
㊿一分鐘記憶術	廖玉山譯	90元
61機智說話術	劉華亭編譯	100元
62如何突破內向	姜倩怡編譯	110元
63扭轉自我的信念	黃　翔編譯	100元
64讀心術入門	王家成編譯	100元
65如何解除內心壓力	林美羽編著	110元
66取信於人的技巧	多湖輝著	110元
67如何培養堅強的自我	林美羽編著	90元
68自我能力的開拓	卓一凡編著	110元
69求職的藝術	吳秀美編譯	100元
70縱橫交涉術	嚴思圖編著	90元
71如何培養妳的魅力	劉文珊編著	90元
72魅力的力量	姜倩怡編著	90元
73金錢心理學	多湖輝著	100元
74語言的圈套	多湖輝著	110元
75個性膽怯者的成功術	廖松濤編譯	100元
76人性的光輝	文可式編著	90元
77如何建立自信心	諾曼・比爾著	90元
78驚人的速讀術	鐘文訓編譯	90元
79培養靈敏頭腦秘訣	廖玉山編著	90元
80夜晚心理術	鄭秀美編譯	80元
81如何做個成熟的女性	李玉瓊編著	80元
82現代女性成功術	劉文珊編著	90元
83成功說話技巧	梁惠珠編譯	100元
84人生的真諦	鐘文訓編譯	100元
85妳是人見人愛的女孩	廖松濤編著	120元
86精神緊張速解法	F・查爾斯著	90元
87指尖・頭腦體操	蕭京凌編譯	90元
88電話應對禮儀	蕭京凌編著	90元
89自我表現的威力	廖松濤編譯	100元
90名人名語啟示錄	喬家楓編著	100元
91男與女的哲思	程鐘梅編譯	110元
92靈思慧語	牧　風著	110元
93心靈夜語	牧　風著	100元
94激盪腦力訓練	廖松濤編譯	100元

⑮三分鐘頭腦活性法	廖玉山編譯	110元
⑯星期一的智慧	廖玉山編譯	100元
⑰溝通說服術	賴文琇編譯	100元
⑱超速讀超記憶法	廖松濤編譯	120元

・健康與美容・電腦編號04

①B型肝炎預防與治療	曾慧琪譯	130元
②胃部強健法	陳炳崑譯	90元
③媚酒傳（中國王朝秘酒）	陸明主編	120元
④藥酒與健康果菜汁	成玉主編	150元
⑤中國回春健康術	蔡一藩著	100元
⑥奇蹟的斷食療法	蘇燕謀譯	110元
⑦中國內功健康法	張惠珠著	100元
⑧健美食物法	陳炳崑譯	120元
⑨驚異的漢方療法	唐龍編著	90元
⑩不老強精食	唐龍編著	100元
⑪經脈美容法	月乃桂子著	90元
⑫五分鐘跳繩健身法	蘇明達譯	100元
⑬睡眠健康法	王家成譯	80元
⑭你就是名醫	張芳明譯	90元
⑮如何保護你的眼睛	蘇燕謀譯	70元
⑯自我指壓術	今井義睛著	120元
⑰室內身體鍛鍊法	陳炳崑譯	100元
⑱飲酒健康法	J・亞當姆斯著	100元
⑲釋迦長壽健康法	譚繼山譯	90元
⑳腳部按摩健康法	譚繼山譯	120元
㉑自律健康法	蘇明達譯	90元
㉒最新瑜伽自習	蘇燕謀譯	180元
㉓身心保健座右銘	張仁福著	160元
㉔腦中風家庭看護與運動治療	林振輝譯	100元
㉕秘傳醫學人相術	成玉主編	120元
㉖導引術入門⑴治療慢性病	成玉主編	110元
㉗導引術入門⑵健康・美容	成玉主編	110元
㉘導引術入門⑶身心健康法	成玉主編	110元
㉙妙用靈藥・蘆薈	李常傳譯	90元
㉚萬病回春百科	吳通華著	150元
㉛初次懷孕的10個月	成玉編譯	100元
㉜中國秘傳氣功治百病	陳炳崑編譯	130元
㉝蘆薈治萬病	李常傳譯	〈售缺〉
㉞仙人成仙術	陸明編譯	100元

國家圖書館出版品預行編目資料

胎教280天／夏山英一著；鄭淑美編譯　--初版　--臺北市：大展，民82
面；　公分　--（家庭／生活；84）
譯自：280日の胎教
ISBN 957-557-403-6（平裝）

1. 產科　2. 妊娠

429.12　82007997

胎教二八〇天　ISBN 957-557-403-6

原著者／夏山英一
編譯者／鄭淑美
發行人／蔡森明
出版者／大展出版社有限公司
社　址／台北市北投區（石牌）致遠一路二段12巷1號
電　話／(02) 8236031・8236033
傳　眞／(02) 8272069
郵政劃撥／0166955－1
登記證／局版臺業字第2171號
承印者／國順圖書印刷公司
裝　訂／嶸興裝訂有限公司
排版者／千兵企業有限公司
電　話／(02) 8812643
初版1刷／1993年（民82年）11月
4　刷／1997年（民86年）12月

定　價／220元

大展好書 好書大展

大展好書 好書大展